카디건

북유럽의 사계절을 담은 스웨터 20

카디건

마야 칼손 지음
이순선 옮김
헬렌 페 사진

차례

서문   7
카디건에 대하여   8
몇 가지 유의해야 할 사항   11

봄

스프링 런드리   18
프리마   24
리드   30
미라지   36

여름

미드서머   48
달리아   54
호르텐시아   60
플뢰르드리스   66

가을

마르탈   78
순드보른   86
노블   92
레거시   98
시스터후드   104
리오라   110

겨울

리스   122
베르그슬라겐에서의 크리스마스   128
주얼리   134
스카디   140
실루엣   146
앤티스 카디건   152

니팅스쿨   160
찾아보기 + 이 책에서 사용한 실   167

서문

모든 상황에 어울리는 카디건이 있을까요? 저는 있다고 믿고 싶어요! 카디건은 계절이 바뀌고 기념일이나 휴일이 오고 갈 때마다 함께하는 충실한 친구 같은 존재입니다. 특별한 날에 입는 카디건만큼이나 일상에서 입는 카디건도 중요합니다. 어쩌면 더 중요할 수도 있습니다. 추울 때는 따뜻함을 선사하고 위로가 필요할 때는 포근하게 감싸주며 일상을 함께합니다.

때로는 신뢰할 만한 무언가가, 나침반이 되어줄 것이 필요합니다. 카디건이 바로 그런 물건이 될 수 있습니다. 변덕스러운 날씨 속에서도 한결같지요.

저는 세계를 여행할 때 카디건을 자주 입었습니다. 마치 집의 온기를 조금이라도 가져간 것 같았죠. 준비를 마치고 강해지는 기분이 들었습니다. 크고 작은 걱정거리가 있을 때도 카디건을 두르고 다녔어요. 파티나 그 밖의 행사에서도 카디건을 입었습니다. 카디건을 입고서 감동과 기쁨을 느낀 적이 많았어요.

손뜨개를 즐기는 사람이라면 언제나 어떤 상황에 어울리는 새로운 카디건을 만들 수 있습니다. 카디건이 특별한 날을 위해 만들어진다고 생각하면, 코잡기를 할 때부터 기분이 좋아집니다. 그리고 꿈에 그리던 카디건을 직접 뜰 수 있다는 것은 선물 같은 일이 아닐까요? 일상 카디건, 특별한 날을 위한 카디건, 정원에서 입는 카디건, 여행용 카디건, 직장용 카디건, 결혼식 카디건, 크리스마스 카디건 등 그 가능성은 무궁무진합니다.

이제 일 년간의 카디건을 따라가는 새로운 모험이 시작됩니다. 이 책에서 소개할 스웨덴의 다양한 장소에서 영감을 받은 카디건들이죠. 봄에는 스톡홀름 외곽의 왕실 사냥공원인 북쪽 유르고르텐의 스토라 스쿠간으로 이동합니다. 이곳에서는 수백 년 동안 그랬던 것처럼 아네모네가 피어나고 왕의 양들이 풀을 뜯는 모습을 볼 수 있습니다. 따뜻한 여름 저녁, 우리는 군도에서 작은 배를 타고 천천히 노를 저어 유스테뢰섬의 작은 만에 도착할 것입니다. 이곳에서는 만개한 달리아 정원의 화려한 색채에 감탄하게 됩니다. 화단에 아름다운 색채가 가득하거든요. 가을에는 숲으로 나가 운달의 작은 어부 오두막으로 가서 버섯을 따고 솔방울과 나뭇잎을 채집하는 등 숲이 제공하는 모든 아름답고 좋은 것들을 조금씩 체험할 수 있습니다. 그런 다음 겨울이 오면 순드보른의 예쁜 집 릴라 휘트네스를 방문해 화가 칼 라르손과 그의 아내 카린이 함께 만든 마법 같은 분위기

를 만끽할 것입니다. 카린의 직물 소품은 더욱 주의 깊게 살펴보는 것을 추천합니다. 항상 저에게 영감을 주거든요. 마지막으로 제가 아는 가장 아름다운 장소 중 하나인 베르그슬라겐에 있는 시게보휘탄의 광부 저택에서 크리스마스를 축하할 것입니다.

이 책을 즐기고 여러분이 직접 만든 카디건을 입게 되기를, 실 한 가닥까지 소중하게 간직하길 바랍니다.

아르비카에서 안부를 전하며, 마야

카디건에 대하여

카디건을 뜻하는 스웨덴어 '코프타kofta'는 페르시아어에서 길고 앞이 트인 가운을 의미하는 '카프탄kaftan'에서 유래했는데, 스웨덴어에서 쓰이기 시작한 것은 16세기까지 거슬러 올라갑니다. 때로는 '코프트koft'라는 단어가 사용되기도 했습니다. 시인이자 음악가인 칼 미카엘 벨만의 63번 서간체 노래에서처럼요.

> …저기 소녀를 보세요Se där dansar Flickan
> 장밋빛 코프트와 치마를 입고 춤을 추는I sin rosenröda Koft and Kiol…

또한 영어 '카디건cardigan'은 핀란드어와 스웨덴어에서도 '단추가 달린 점퍼'라는 뜻으로 사용됩니다. 이 옷에 이름을 붙인 사람이 카디건의 7대 백작, 제임스 토머스 브루드넬James Thomas Brudenell(1797~1868)이라는 사실을 알고 계셨나요? 그 무렵 카디건은 양모로 만든 군용 니트 재킷으로, 가장자리는 모피로 만들었습니다.

북유럽 국가에서 카디건은 니트 의류 중에서도 특별한 위치를 차지하고 있습니다. 예를 들어 노르웨이에서는 매년 10월 15일을 '카디건 너는 날'로 지정해서 원하는 사람들이 자신의 카디건을 널어서 동네 사람들이 화려한 색상을 즐길 수 있도록 합니다.

손이 닿는 곳에 카디건이 없다면 한 해를 버티기 힘들지 않을까요? 편하고 입기 쉬우며 기온에 상관없이 저녁 외출에 완벽합니다. 필요할 때마다 언제든 입을 수 있습니다. 또한 스칸디나비아에서 즐겨 하듯이, 다양한 종류의 무늬로 꾸미기에도 완벽합니다. 여러 색으로 뜬 카디건은 더욱

따뜻하고 견고하며 내구성이 뛰어나기 때문에 북유럽의 풍부한 전통 무늬는 미학적으로나 실용적으로나 카디건 뜨개 방식을 정의해왔습니다. 이는 배색 카디건이 전통의상의 일부로 포함되는 헬스닝란드 같은 곳에서 볼 수 있습니다.

이 책에서는 은은한 카디건과 대담한 카디건을 나란히 배치했습니다. 두 가지 버전 모두 생활에 필요한 만큼 둘 다 갖추는 것이 중요합니다. 따라서 '리드'나 '실루엣' 같은 기본 카디건뿐 아니라 축제용 카디건 '달리아', 크리스마스 카디건 '리스'도 찾을 수 있습니다. 카디건을 떠본 적이 없다면 초보자용 카디건인 '프리마'부터 시작할 수 있습니다. 여성 참정권 100주년을 기념하고 싶다면 '시스터후드'를 추천합니다. 도전에 목말라 있나요? 노르웨이의 전통 방식에 따라 원통으로 뜬 다음 앞판과 진동의 스틱을 잘라서 만드는 카디건인 '레거시'를 시도해보세요. 따뜻한 아이슬란드 카디건을 꿈꾼다면 이 책의 표지에 나온 '순드보른'을 선택해보세요. 선택지는 다양하니 자신에게 적합한 것을 찾을 수 있기를 바랍니다.

이 책에는 위에서 아래로, 아래에서 위로 뜬 카디건이 있습니다. 그중 다수는 원통으로 뜬 다음 스틱을 잘라내서 만듭니다. 일부는 배색 섹션이 있고, 다른 일부는 레이스와 케이블로 장식되었습니다. 다양한 방법과 구조를 시도하면서 새로운 기법을 발견하고 과감히 도전해보시길 바랍니다. 특히 '노블' 카디건의 기발한 단추여밈단과 '앤티스 카디건'에 나만의 모노그램과 날짜를 추가해보는 것도 추천해요. 이제 더 이상 고민하지 마세요, 색상을 선택하고 실패에 실을 감고 코잡기할 시간입니다. 여러분의 카디건 뜨기 여정에 행운이 함께하길 기원합니다!

몇 가지 유의해야 할 사항

- 이 책에 수록된 카디건은 여성복 사이즈에 맞춰 제작되었습니다.
- 도안은 세 가지 난이도(상, 중, 하)로 나뉩니다.
- 어떤 사이즈를 뜰지 결정하려면 가슴둘레를 측정해야 합니다. 그런 다음 원하는 여유분을 추가하고 카디건의 완성 치수와 비교하세요. 전체 치수에 가장 가까운 사이즈를 선택하세요. 니팅스쿨(160쪽)에서 사이즈에 대해 자세히 알아보세요.
- 몸판과 소매는 언제든지 길이를 늘이거나 줄일 수 있다는 점을 기억하세요. 하지만 더 길게 뜨려면 도안에 명시된 것보다 더 많은 실이 필요합니다.
- 뜨개를 시작하기 전에 먼저 전체 도안을 읽고 뜨개 구조와 방법을 파악하세요.
- 약어에 대한 설명은 163쪽을 참고하세요.
- 모든 치수는 대략적인 수치입니다.
- 도안에 명시된 실 사용량은 실제 사용량이 아닌 필요한 볼/타래의 수를 의미하며, 때로는 이보다 적을 수 있습니다.
- 실제 카디건을 뜨기 전에 테스트 스와치를 떠서 텐션이 적당한지 확인하는 것이 좋습니다. 테스트 스와치의 크기는 약 12×12cm입니다. 10×10cm 안의 콧수와 단수를 세어 숫자가 벗어나면 바늘 호수를 변경하세요. 게이지에 비해 한 단에 콧수가 너무 적은 경우: 더 작은 호수의 바늘로 변경하세요. 게이지에 비해 한 단에 콧수가 너무 많은 경우: 더 큰 호수의 바늘로 변경하세요.
- 목록에 있는 실을 찾을 수 없는 경우, 동일한 소재와 동일한 텐션 또는 길이의 실로 대체할 수 있습니다.

카디건 치수 측정 방법

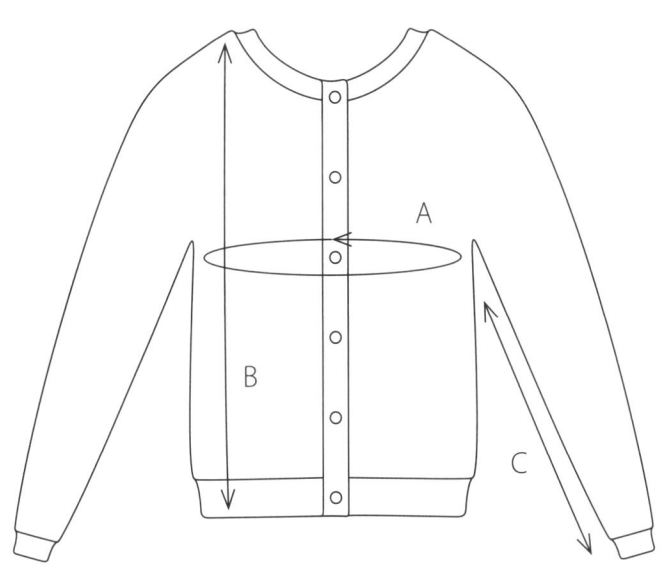

A = 가슴둘레
B = 총길이
C = 소매 길이

봄은 끝이자 시작입니다. 날씨가 온화해지면서 싱그러운 녹색이 움트기 시작합니다. 모든 것이 새롭게 시작되고 새로운 모습을 갖추게 되죠. 매년 봄이 되면 저는 항상 차분한 톤의 카디건을 뜨고 싶어져요. 아마도 겨울의 휴식이 끝나면 색에 대한 감각이 서서히 살아나는 것 같아요. 결국에는 회색 사이에 피어난 작은 섬처럼 더 또렷한 색상을 추가합니다. 조심스럽게 시작합니다. 한 번에 한 걸음씩. 햇볕이 따스한 자갈길을 걷다가 문득 올해 첫 머위꽃을 발견한 것처럼요.

봄꽃이 피면 노란 유리 화병을 꺼내서 아네모네를 여러 송이 따고요. 베란다에서 커피를 마시고, 화단을 청소하고, 목초지에서 뛰어노는 어린 양들을 보며 즐거워합니다. 철새들이 돌아오고 모든 것이 새롭게 느껴집니다.

곧 자연은 가장 아름다운 색으로 물들어요. 제가 뜨는 카디건 무늬가 서서히 화사하게 변하는 동안 제 마음도 행복해집니다.

친애하는 봄을 환영합니다!

스프링 런드리 Spring Laundry

봄 ───

과거에는 옷가지를 모아두었다가 일 년에 두 번 봄과 가을에 한꺼번에 많은 양을 세탁하는 게 일반적이었습니다. 빨래는 물에 쉽게 접근할 수 있는 야외의 개울가나 호수 가장자리에서 했어요. 흰색 리넨이나 면으로 만든 빨랫감은 큰 통에서 잿물에 삶았습니다. 삶은 후에는 꺼내서 벤치나 부두에서 빨랫방망이로 두들기고, 마지막으로 개울이나 호수에서 헹궜습니다. 양모는 미지근한 물로 세탁했습니다.

'스프링 런드리' 카디건은 이른 봄처럼 연한 색을 띠고 있습니다. 소매 끝의 배색무늬 단에는 아주 적은 양의 실만 필요하기 때문에 자투리실을 활용하는 좋은 방법이라고 생각했습니다. 실 바구니에서 취향에 따라 좋아하는 색상을 선택해보세요.

실: 예르보의 스벤스크 울 3합(스웨덴 울 100%, 100g=180m)
게이지: 4mm(US 6) 바늘로 메리야스뜨기 10×10cm=21코×28단
사이즈: XS (S) M (L) XL (2XL) 3XL (4XL)
가슴둘레: 80 (90) 100 (110) 120 (130) 140 (150)cm
총길이: 52 (52) 52 (53) 54 (55) 55 (56)cm
소매 길이: 45 (45) 45 (46.5) 46.5 (46.5) 46.5 (46.5)cm
실 소요량:
색상1 고틀란드 그레이Gotland Grey(no. 59002): 300 (300) 300 (400) 400 (400) 500 (500)g
색상2 아크틱 폭스Arctic Fox(no. 59001): 25 (25) 25 (25) 25 (25) 25 (25)g
색상3 바사 크리스프Wasa Crisp(no. 59021): 소량
색상4 헬싱게 다크Helsinge Dark(no. 59020): 소량
장갑바늘: 3.5mm(US 4)·4mm(US 6)
줄바늘: 3.5mm(US 4)·4mm(US 6) 60cm 길이
부자재: 단추(지름 13~15mm) 10개, 표시링 8개, 안전핀
난이도: 중
구조: 이 카디건은 위에서 시작해서 아래로 내려가며 뜨며, 줄바늘을 사용해 앞뒤로 편물을 뒤집어가며 평면뜨기합니다. 소매 끝에 배색무늬 단이 있습니다.
기법:
표시링 옮긴다=표시링을 왼손 바늘에서 오른손 바늘로 옮긴다. 니팅스쿨 163쪽 참고.
코늘림, 겉면
M1R 코늘림=오른쪽으로 기울어지게 1코 코늘림한다. 니팅스쿨 163쪽 참고.
M1L 코늘림=왼쪽으로 기울어지게 1코 코늘림한다. 니팅스쿨 163쪽 참고.
상응하는 코늘림, 안면
M1PR 코늘림=2코 사이의 가닥을 왼손 바늘로 뒤에서 앞으로 주워 올려 앞가닥에 안뜨기한다.
M1PL 코늘림=2코 사이의 가닥을 왼손 바늘로 앞에서 뒤로 주워 올려 뒷가닥에 안뜨기한다.

요크

고무뜨기 넥밴드

3.5mm 줄바늘과 색상1 실을 사용해서: 105 (105) 105 (105) 105 (113) 113 (113)코 만든다.

1단(안면): 실을 편물 앞에 두고, 안뜨기하듯이 1코 걸러뜨기, *겉뜨기1, 안뜨기1*, *~*을 단 끝까지 반복한다.

2단(겉면): 실을 편물 뒤에 두고, 겉뜨기하듯이 1코 걸러뜨기, *안뜨기1, 겉뜨기1*, *~*을 단 끝까지 반복한다.

3단: 1단과 동일하게 뜬다

4단[단춧구멍 단]: 4코 남을 때까지 2단과 동일하게 뜬다, 바늘비우기, 왼코줄임, 안뜨기1, 겉뜨기1. 주의: 14단마다 동일한 방법으로 새로운 단춧구멍을 9회 더 만든다.

5단: 1단과 동일하다.

6단: 2단과 동일하다.

7단: 1단과 동일하다. 또한 이번 단에서 다음과 같이 4개의 표시링을 걸어야 한다(니팅스쿨 163쪽 참고): 22/23 (22/23) 22/23 (22/23) 22/23 (23/24) 23/24 (23/24)코 사이에 표시링D 건다. 34/35 (34/35) 34/35 (34/35) 34/35 (37/38) 37/38 (37/38)코 사이에 표시링C 건다. 71/72 (71/72) 71/72 (71/72) 71/72 (76/77) 76/77 (76/77)코 사이에 표시링B 건다. 마지막으로 83/84 (83/84) 83/84 (83/84) 83/84 (90/91) 90/91 (90/91)코 사이에 표시링A 건다. 고무뜨기 가장자리가 완성되었다. 4mm 줄바늘로 바꿔 다른 설명이 없으면 앞뒤로 편물을 뒤집어가며 메리야스뜨기한다.

8단(겉면, 되돌아뜨기): (162쪽 니팅스쿨에서 되돌아뜨기와 랩앤턴에 대해 읽는다.) 고무뜨기단 무늬를 정확하게 유지하며 처음 6코를 고무뜨기한다. 표시링C까지 겉뜨기한다, 표시링 옮긴다(기법 참고), 겉뜨기6, 랩앤턴.

9단(안면, 되돌아뜨기): 표시링B까지 안뜨기한다, 표시링 옮긴다, 안뜨기6, 랩앤턴.

10단(되돌아뜨기): 표시링D까지 겉뜨기한다, 표시링 옮긴다, 랩앤턴. (니팅스쿨 162쪽의 지시사항을 참고해서 전 단의 되돌아뜨기 코를 정리한다.)

11단(되돌아뜨기): 표시링A까지 안뜨기한다, 표시링 옮긴다, 랩앤턴. (니팅스쿨 162쪽의 지시사항을 참고해서 전 단의 되돌아뜨기 코를 정리한다.)

12단(되돌아뜨기): 6코 남을 때까지 겉뜨기한다. 남은 6코를 고무뜨기단과 동일하게 고무뜨기로 작업한다.

13단: 처음 6코를 고무뜨기한다, 6코 남을 때까지 안뜨기하고 남은 6코를 고무뜨기한다.

래글런 코늘림:

14단: 6코 고무뜨기한다. 표시링A 1코 전까지 겉뜨기한다, M1R 코늘림(기법 참고), 겉뜨기1, 표시링 옮긴다, 겉뜨기1, M1L 코늘림(기법 참고), 겉뜨기10, M1R 코늘림, 겉뜨기1, 표시링 옮긴다, 겉뜨기1, M1L 코늘림. 표시링C 1코 전까지 겉뜨기한다, M1R 코늘림, 겉뜨기1, 표시링 옮긴다, 겉뜨기1, M1L 코늘림, 겉뜨기10, M1R 코늘림, 겉뜨기1, 표시링 옮긴다, 겉뜨기1, M1L 코늘림. 6코 남을 때까지 겉뜨기한다. 남은 6코를 고무뜨기한다. 8코 줄어듦. 총 113 (113) 113 (113) 113 (121) 121 (121)코.

15단 (XS): 6코 고무뜨기한다, 6코 남을 때까지 안뜨기한다. 남은 6코를 고무뜨기한다. **(S~4XL):** 6코 고무뜨기한다. 표시링D 1코 전까지 안뜨기한다. M1PR 코늘림, 안뜨기1, 표시링 옮긴다, 안뜨기1, M1PL 코늘림. 표시링C 1코 전까지 안뜨기한다, M1PR 코늘림, 안뜨기1, 표시링 옮긴다, 안뜨기1, M1PL 코늘림. 표시링B 1코 전까지 안뜨기한다, M1PR 코늘림, 안뜨기1, 표시링 옮긴다, 안뜨기1, M1PL 코늘림. 표시링A 1코 전까지 안뜨기한다, M1PR 코늘림, 안뜨기1, 표시링 옮긴다, 안뜨기1, M1PL 코늘림, 6코 남을 때까지 안뜨기한다. 남은 6코를 고무뜨기한다.

16단: 6코 고무뜨기한다. 표시링A 1코 전까지 겉뜨기한다, M1R 코늘림, 겉뜨기1, 표시링 옮긴다, 겉뜨기1, M1L 코늘림. 표시링B 1코 전까지 겉뜨기한다, M1R 코늘림, 겉뜨기1, 표시링 옮긴다, 겉뜨기1, M1L 코늘림. 표시링C 1코 전까지 겉뜨기한다, M1R 코늘림, 겉뜨기1, 표시링 옮긴다, 겉뜨기1, M1L 코늘림.

표시링D 1코 전까지 겉뜨기한다, M1R 코늘림, 겉뜨기1, 표시링 옮긴다, 겉뜨기1, M1L 코늘림. 6코 남을 때까지 겉뜨기한다. 남은 6코를 고무뜨기한다. 총 121 (129) 129 (129) 129 (137) 137 (137)코.

17단 (XS~S): 6코 고무뜨기한다, 6코 남을 때까지 안뜨기한다. 남은 6코를 고무뜨기한다. **(M~4XL):** 6코 고무뜨기한다. 표시링D 1코 전까지 안뜨기한다, M1PR 코늘림, 안뜨기1, 표시링 옮긴다, 안뜨기1, M1PL 코늘림. 표시링C 1코 전까지 안뜨기한다, M1PR 코늘림, 안뜨기1, 표시링 옮긴다, 안뜨기1, M1PL 코늘림. 표시링B 1코 전까지 안뜨기한다, M1PR 코늘림, 안뜨기1, 표시링 옮긴다, 안뜨기1, M1PL 코늘림. 표시링A 1코 전까지 안뜨기한다, M1PR 코늘림, 안뜨기1, 표시링 옮긴다, 안뜨기1, M1PL 코늘림. 6코 남을 때까지 안뜨기한다. 6코 고무뜨기한다.

18단[단춧구멍 단]: 6코 고무뜨기한다. 표시링A 1코 전까지 겉뜨기한다. M1R 코늘림, 겉뜨기1, 표시링 옮긴다, 겉뜨기1, M1L 코늘림. 표시링B 1코 전까지 겉뜨기한다, M1R 코늘림, 겉뜨기1, 표시링 옮긴다, 겉뜨기1, M1L 코늘림. 표시링C 1코 전까지 겉뜨기한다, M1R 코늘림, 겉뜨기1, 표시링 옮긴다, 겉뜨기1, M1L 코늘림. 표시링D 1코 전까지 겉뜨기한다, M1R 코늘림, 겉뜨기1, 표시링 옮긴다, 겉뜨기1, M1L 코늘림. 6코 남을 때까지 겉뜨기한다. [단춧구멍 단은 앞에서 한 방법대로 단춧구멍을 만들면서] 6코 고무뜨기한다.

19단 (XS~S): 6코 고무뜨기한다, 6코 남을 때까지 안뜨기한다, 6코 고무뜨기한다. **(M~4XL):** 6코 고무뜨기한다. 표시링D 1코 전까지 안뜨기한다. M1PR 코늘림, 안뜨기1, 표시링 옮긴다, 안뜨기1, M1PL 코늘림. 표시링C 1코 전까지 안뜨기한다, M1PR 코늘림, 안뜨기1, 표시링 옮긴다, 안뜨기1, M1PL 코늘림. 표시링B 1코 전까지 안뜨기한다, M1PR 코늘림, 안뜨기1, 표시링 옮긴다, 안뜨기1, M1PL 코늘림. 표시링A 1코 전까지 안뜨기한다, M1PR 코늘림, 안뜨기1, 표시링 옮긴다, 안뜨기1, M1PL 코늘림. 6코 남을 때까지 안뜨기한다, 6코 고무뜨기한다.

20단: 18단과 동일하다.

21단 (XS~M): 6코 고무뜨기한다, 6코 남을 때까지 안뜨기한다, 6코 고무뜨기한다. **(L~4XL):** 6코 고무뜨기한다. 표시링D 1코 전까지 안뜨기한다. M1PR 코늘림, 안뜨기1, 표시링 옮긴다, 안뜨기1, M1PL 코늘림. 표시링C 1코 전까지 안뜨기한다, M1PR 코늘림, 안뜨기1, 표시링 옮긴다, 안뜨기1, M1PL 코늘림. 표시링B 1코 전까지 안뜨기한다, M1PR 코늘림, 안뜨기1, 표시링 옮긴다, 안뜨기1, M1PL 코늘림. 표시링A 1코 전까지 안뜨기한다, M1PR 코늘림, 안뜨기1, 표시링 옮긴다, 안뜨기1, M1PL 코늘림. 6코 남을 때까지 안뜨기한다. 6코 고무뜨기한다.

22단: 18단과 동일하다.

23단: 21단과 동일하다.

24단: 18단과 동일하다.

25단 (XS~M): 6코 고무뜨기한다, 6코 남을 때까지 안뜨기한다, 6코 고무뜨기한다. **(L~4XL):** 6코 고무뜨기한다. 표시링D 1코 전까지 안뜨기한다. M1PR 코늘림, 안뜨기1, 표시링 옮긴다, 안뜨기1, M1PL 코늘림. 표시링C 1코 전까지 안뜨기한다. M1PR 코늘림, 안뜨기1, 표시링 옮긴다, 안뜨기1, M1PL 코늘림. 표시링B 1코 전까지 안뜨기한다, M1PR 코늘림, 안뜨기1, 표시링 옮긴다, 안뜨기1, M1PL 코늘림. 표시링A 1코 전까지 안뜨기한다, M1PR 코늘림, 안뜨기1, 표시링 옮긴다, 안뜨기1, M1PL 코늘림. 6코 남을 때까지 안뜨기한다, 6코 고무뜨기한다.

26단: 18단과 동일하다.

27단 (XS~L): 6코 고무뜨기한다, 6코 남을 때까지 안뜨기한다, 6코 고무뜨기한다. **(XL~4XL):** 6코 고무뜨기한다. 표시링D 1코 전까지 안뜨기한다. M1PR 코늘림, 안뜨기1, 표시링 옮긴다, 안뜨기1, M1PL 코늘림. 표시링C 1코 전까지 안뜨기한다, M1PR 코늘림, 안뜨기1, 표시링 옮긴다, 안뜨기1, M1PL 코늘림. 표시링B 1코 전까지 안뜨기한다, M1PR 코늘림, 안뜨기1, 표시링 옮긴다, 안뜨기1, M1PL 코늘림. 표시링A 1코 전까지 안뜨기한다, M1PR 코늘림, 안뜨기1, 표시링 옮긴다, 안뜨기1, M1PL 코늘림. 6코 남을 때까지 안뜨기한다, 6코 고무뜨기한다.

28단: 18단과 동일하다.

29단: 27단과 동일하다.

30단: 18단과 동일하다.

31단 (XS~XL): 6코 고무뜨기한다. 6코 남을 때까지 안뜨기한다. 6코 고무뜨기한다. (2XL~4XL): 6코 고무뜨기한다. 표시링D 1코 전까지 안뜨기한다. M1PR 코늘림, 안뜨기1, 표시링 옮긴다, 안뜨기1, M1PL 코늘림. 표시링C 1코 전까지 안뜨기한다. M1PR 코늘림, 안뜨기1, 표시링 옮긴다, 안뜨기1, M1PL 코늘림. 표시링B 1코 전까지 안뜨기한다, M1PR 코늘림, 안뜨기1, 표시링 옮긴다, 안뜨기1, M1PL 코늘림. 표시링A 1코 전까지 안뜨기한다, M1PR 코늘림, 안뜨기1, 표시링 옮긴다, 안뜨기1, M1PL 코늘림. 6코 남을 때까지 안뜨기한다. 6코 고무뜨기한다.

32단[단춧구멍 단]: 18단과 동일하다.

33단 (XS~2XL): 6코 고무뜨기한다. 6코 남을 때까지 안뜨기한다. 6코 고무뜨기한다. (3XL~4XL): 6코 고무뜨기한다. 표시링D 1코 전까지 안뜨기한다. M1PR 코늘림, 안뜨기1, 표시링 옮긴다, 안뜨기1, M1PL 코늘림. 표시링C 1코 전까지 안뜨기한다. M1PR 코늘림, 안뜨기1, 표시링 옮긴다, 안뜨기1, M1PL 코늘림. 표시링B 1코 전까지 안뜨기한다, M1PR 코늘림, 안뜨기1, 표시링 옮긴다, 안뜨기1, M1PL 코늘림. 표시링A 1코 전까지 안뜨기한다, M1PR 코늘림, 안뜨기1, 표시링 옮긴다, 안뜨기1, M1PL 코늘림. 6코 남을 때까지 안뜨기한다, 6코 고무뜨기한다.

34단: 18단과 동일하다.

35단 (XS~2XL): 6코 고무뜨기한다. 6코 남을 때까지 안뜨기한다. 6코 고무뜨기한다. (3XL~4XL): 6코 고무뜨기한다. 표시링D 1코 전까지 안뜨기한다. M1PR 코늘림, 안뜨기1, 표시링 옮긴다, 안뜨기1, M1PL 코늘림. 표시링C 1코 전까지 안뜨기한다. M1PR 코늘림, 안뜨기1, 표시링 옮긴다, 안뜨기1, M1PL 코늘림. 표시링B 1코 전까지 안뜨기한다, M1PR 코늘림, 안뜨기1, 표시링 옮긴다, 안뜨기1, M1PL 코늘림. 표시링A 1코 전까지 안뜨기한다, M1PR 코늘림, 안뜨기1, 표시링 옮긴다, 안뜨기1, M1PL 코늘림. 6코 남을 때까지 안뜨기한다, 6코 고무뜨기한다.

36단: 18단과 동일하다.

37단 (XS~3XL): 6코 고무뜨기한다. 6코 남을 때까지 안뜨기한다. 6코 고무뜨기한다. (4XL): 6코 고무뜨기한다. 표시링D 1코 전까지 안뜨기한다. M1PR 코늘림, 안뜨기1, 표시링 옮긴다, 안뜨기1, M1PL 코늘림. 표시링C 1코 전까지 안뜨기한다. M1PR 코늘림, 안뜨기1, 표시링 옮긴다, 안뜨기1, M1PL 코늘림. 표시링B 1코 전까지 안뜨기한다, M1PR 코늘림, 안뜨기1, 표시링 옮긴다, 안뜨기1, M1PL 코늘림. 표시링A 1코 전까지 안뜨기한다, M1PR 코늘림, 안뜨기1, 표시링 옮긴다, 안뜨기1, M1PL 코늘림. 6코 남을 때까지 안뜨기한다, 6코 고무뜨기한다.

38단: 18단과 동일하다.

39단: 37단과 동일하다.

40단: 18단과 동일하다.

41단: 6코 고무뜨기한다. 6코 남을 때까지 안뜨기한다. 6코 고무뜨기한다.

42단: 18단과 동일하다.

43단: 41단과 동일하다.

44단: 18단과 동일하다.

45단: 41단과 동일하다.

46단[단춧구멍 단]: 18단과 동일하다.

47단: 41단과 동일하다.

48단: 18단과 동일하다.

49단: 41단과 동일하다.

50단: 18단과 동일하다.

51단: 41단과 동일하다.

52단: 18단과 동일하다.

53단: 41단과 동일하다.

이제 XL~4XL 래글런 코늘림이 완성되었다. 코늘림 수 28(XL), 29(2XL) 31(3XL) 33(4XL). 총 329코(XL), 345코(2XL), 361코(3XL), 377코(4XL).

XS~L만 해당:

54단 (XS~L): 18단과 동일하다.

55단: 6코 고무뜨기한다. 6코 남을 때까지 안뜨기한다. 6코 고무뜨기한다. 이제 L사이즈 래글런 코늘림이 완성되었다. 코늘림 수 27. 총 321코.

56단 (XS~M): 18단과 동일하다.

57단: 6코 고무뜨기한다. 6코 남을 때까지 안뜨기한다. 6코 고무뜨기한다.

58단: 18단과 동일하다.

59단: 6코 고무뜨기한다. 6코 남을 때까지 안뜨기한다. 6코 고무뜨기한다. 이제 M사이즈 래글런 코늘림이 완성되었다. 코늘림 수 26. 총 313코.

60단 (XS~S)[단춧구멍 단]: 18단과 동일하다.

61단: 6코 고무뜨기한다. 6코 남을 때까지 안뜨기한다. 6코 고무뜨기한다. 이제 XS~S사이즈 래글런 코늘림이 완성되었다. 코늘림 수 24(XS), 25(S). 총 297코(XS), 305코(S).

모든 사이즈 해당:

계속해서 아래의 1~2단을 1 (4) 7 (10) 13 (14) 15 (16)회 반복해서 몸판 코늘림을 진행한다. 14단마다 단춧구멍 만드는 것을 기억할 것.

1단: 6코 고무뜨기한다, 표시링A 1코 전까지 겉뜨기한다, M1R 코늘림, 겉뜨기1, 표시링 옮긴다, 표시링B까지 겉뜨기한다, 표시링 옮긴다, 겉뜨기1, M1L 코늘림. 표시링C 1코 전까지 겉뜨기한다, M1R 코늘림, 겉뜨기1, 표시링 옮긴다. 표시링D까지 겉뜨기한다, 표시링 옮긴다, 겉뜨기1, M1L 코늘림. 6코 남을 때까지 겉뜨기한다. 6코 고무뜨기한다.

2단: 6코 고무뜨기한다, 6코 남을 때까지 안뜨기한다, 6코 고무뜨기한다. 모든 코늘림을 완성하면 바늘에 총 301 (321) 341 (361) 381 (401) 421 (441)코 있어야 한다.

몸판과 소매 분리

1단(겉면): 고무뜨기단 무늬를 정확하게 유지하면서 46 (50) 54 (58) 62 (66) 69 (72)코를 무늬대로 뜬다(=오른쪽 앞판), 표시링 제거한다. 다음 62 (64) 66 (68) 70 (72) 76 (80)코를 안전핀에 옮겨 쉼코로 둔다(=오른쪽 소매), 표시링 제거한다. 다음 85 (93) 101 (109) 117 (125) 131 (137)코를 겉뜨기한다(=뒤판), 표시링 제거한다. 다음 62 (64) 66 (68) 70 (72) 76 (80)코를 안전핀에 옮겨 쉼코로 둔다(=왼쪽 소매), 표시링 제거한다. 고무뜨기단 무늬를 정확하게 유지하면서 46 (50) 54 (58) 62 (66) 69 (72)코를 뜬다(=왼쪽 앞판). 이제 바늘에 총 177 (193) 209 (225) 241 (257) 269 (281)코 남아 있다.
2단: 앞에서 해온 방식대로 6코를 고무뜨기한다. 6코 남을 때까지 안뜨기한다. 앞에서 해온 방식대로 6코 고무뜨기한다.

몸판
1단(겉면): 6코 고무뜨기한다. 6코 남을 때까지 겉뜨기한다. 6코 고무뜨기한다(앞에서 해온 방식대로 각 단 시작에서 1코 걸러뜨기한다).
2단(안면): 6코 고무뜨기한다. 6코 남을 때까지 안뜨기한다. 6코 고무뜨기한다.
몸판 편물이 몸판과 소매를 분리한 곳에서 21cm가 될 때까지 1~2단을 반복한다. 안면 단으로 마무리한다.
3.5mm 줄바늘로 바꿔 5cm가 될 때까지 고무뜨기 밑단을 만든다(겉뜨기1, 안뜨기1, 앞에서 해온 방식대로 단 시작에서 1코 걸러뜨기한다), 안면 단으로 마무리한다.
고무뜨기하면서 느슨하게 코막음한다.

소매
한쪽 소매 62 (64) 66 (68) 70 (72) 76 (80)코를 4mm 장갑바늘에 가능한 한 균등하게 나눈다.
실을 연결해서 진동 중심 왼쪽에서 1코 줍는다, 62 (64) 66 (68) 70 (72) 76 (80)코를 겉뜨기한다. 진동 중심 오른쪽에서 1코 더 줍는다. 표시링을 걸어 단 시작을 표시한다. 총 64 (66) 68 (70) 72 (74) 78 (82)코. 겉뜨기로 32 (32) 32 (37) 37 (37) 37 (37)단 뜬다.

코줄임 단: 겉뜨기1, 1코 걸러뜨기, 겉뜨기1, 걸러뜨기한 코를 겉뜨기한 코 위로 덮어씌운다. 표시링 3코 전까지 겉뜨기한다. 왼코줄임, 겉뜨기1. 2코 줄어듦.
코줄임 단을 8단마다 9 (8) 9 (8) 7 (8) 8 (8)회 더 반복한다. 총 44 (48) 48 (52) 56 (56) 60 (64)코. 소매 편물이 35 (35) 35 (36.5) 36.5 (36.5) 36.5 (36.5)cm(혹은 원하는 길이)가 될 때까지 겉뜨기한다. 오른쪽에서 왼쪽으로 도안을 읽으면서 무늬도안 1~8단을 참고해서 배색무늬 단을 뜬다. (모든 단에서 단 끝까지 1~4번 코를 반복한다.) 색상2 실을 사용해서: 겉뜨기로 2단 뜬다.
3.5mm 장갑바늘로 바꿔 6cm가 될 때까지 고무뜨기(겉뜨기1, 안뜨기1)로 소맷단을 뜬다. 고무뜨기하면서 느슨하게 코막음한다.

마무리
실끝을 정리한다. 니팅스쿨 161쪽 지시사항을 참고해 카디건을 조심스럽게 블로킹한다. 단춧구멍의 위치에 맞춰 반대편에 단추를 단다.

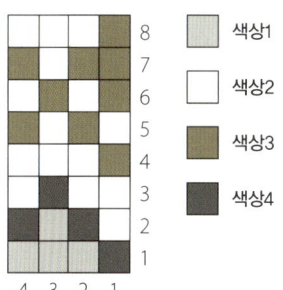

				8	
				7	▨ 색상1
				6	
				5	☐ 색상2
				4	
				3	▨ 색상3
				2	
				1	■ 색상4

4　3　2　1

프리마Prima

첫 카디건을 뜨고 싶으신가요? 그렇다면 이 도안을 추천해요!

'처음'이라는 뜻의 프리마는 부드럽고 편안한 초보자용 카디건으로, 굵은 실을 사용하여 빠르게 만들 수 있습니다. 카디건 뜨기가 처음인 분들을 위해 이 도안에 대한 알아보기 쉬운 설명 이미지도 추가했습니다.

솔기가 없는 구조이기 때문에 뜨개가 끝나고 나서 편물들을 연결하느라 꿰맬 필요가 없습니다. 바로 입을 수 있는 카디건이랍니다.

프리마는 카디건 뜨기를 막연히 꿈꾸고 있는 뜨개 초보자를 위한 좋은 입문작입니다! 발견할 수 있는 재미있는 카디건 도안이 너무 많으니 일단 과감하게 첫걸음을 내디뎌보세요. 행운을 빕니다!

실: 산네스의 뵈르스테트 알파카(브러시드 알파카 96%, 나일론 4%, 50g=110m)

게이지: 8mm(US 11) 바늘로 메리야스뜨기 10×10cm=12코×20단

사이즈: XS (S) M (L) XL/2XL (3XL/4XL)

가슴둘레: 100 (116) 132 (146) 160 (176)cm

여유분: 20~40cm

총길이: 52 (52) 54 (56) 58 (58)cm

소매 길이: 44 (44) 44 (45) 45 (45)cm

실 소요량: 250 (300) 300 (350) 350 (400)g

카디건1 스코티메쇤Skotimesønn(no. 8581)

카디건2 피스타치오/피스타시스Pistasjis(no. 8532)

줄바늘: 7mm(US 10.5)·8mm(US 11) 80cm 길이

장갑바늘: 7mm·8mm

부자재: 안전핀

난이도: 하

구조: 위에서 아래로 내려가며 뜨는 솔기 없는 카디건입니다. 뒤판의 윗부분을 먼저 뜬 다음. 앞판 코는 뒤판에서 줍습니다. 그런 다음 몸판을 하나의 편물로 함께 뜹니다. 마지막으로 소매를 뜹니다. 앞판 가장자리는 메리야스뜨기 편물이 자연스럽게 말리게 됩니다. 이 카디건은 오버사이즈입니다. 사이즈를 선택할 때 자신의 가슴둘레에 20~40cm를 더하세요.

기법:

M1R 코늘림=오른쪽으로 기울어지게 1코 코늘림한다. 니팅스쿨 163쪽 참고.

M1L 코늘림=왼쪽으로 기울어지게 1코 코늘림한다. 니팅스쿨 163쪽 참고.

코줍기=28쪽의 사진 설명을 참고한다.

뒤판

8mm 줄바늘을 사용해서: 61 (71) 81 (89) 97 (107)코 만든다.

1단(안면): 안뜨기한다.

2단(겉면): 겉뜨기한다.

3단(안면): 안뜨기한다.

뒤판 편물이 25 (25) 25 (27) 27 (27)cm가 될 때까지 2~3단을 반복한다. 주의: 안면 단으로 마무리한다.

뒤판 코를 안전핀에 옮겨 쉼코로 둔다.

왼쪽 앞판

이제 뒤판의 코에서 왼쪽 앞판 코를 줍는다(28쪽 참고).

8mm 줄바늘을 사용해서: 편물의 겉면이 보이는 상태에서 뒤판을 앞에 두고, 뒤판의 코잡기한 가장자리의 왼쪽 23 (28) 33 (37) 41 (46)코에서 23 (28) 33 (37) 41 (46)코 줍는다.

1단(안면): 안뜨기한다.

2단(겉면): 겉뜨기1, M1R 코늘림(기법 참고), 단 끝까지 겉뜨기한다.

1~2단을 바늘에 31 (36) 41 (45) 49 (54)코 생길 때까지 반복한다.

1단을 1회 더 반복한다.

3단: 겉뜨기한다.

4단: 안뜨기한다.

왼쪽 앞판 편물이 25 (25) 25 (27) 27 (27)cm가 될 때까지 3~4단을 반복한다. 주의: 안면 단으로 마무리한다.

왼쪽 앞판 코를 안전핀에 쉼코로 둔다.

오른쪽 앞판

이제 뒤판의 코에서 오른쪽 앞판 코를 줍는다.

8mm 줄바늘을 사용해서: 편물의 겉면이 보이는 상태에서 뒤판을 앞에 두고 오른쪽 모서리에서 시작한다. 뒤판의 코잡기한 가장자리에서 23 (28) 33 (37) 41 (46)코 줍는다.

1단(안면): 안뜨기한다.

2단(겉면): 1코 남을 때까지 겉뜨기한다, M1L 코늘림(기법 참고), 겉뜨기1.

1~2단을 바늘에 31 (36) 41 (45) 49 (54)코 생길 때까지 반복한다.

1단을 1회 더 반복한다.

3단: 겉뜨기한다.

4단: 안뜨기한다.

오른쪽 앞판 편물이 25 (25) 25 (27) 27 (27)cm가 될 때까지 3~4단을 반복한다. 주의: 안면 단으로 마무리한다.

오른쪽 앞판 코를 안전핀에 쉼코로 둔다.

몸판

이제 앞판과 뒤판을 함께 뜬다.

편물의 겉면이 보이는 상태에서, 다음과 같은 순서로 모든 코를 8mm 줄바늘에 옮긴다: 왼쪽 앞판=31 (36) 41 (45) 49 (54)코, 뒤판=61 (71) 81 (89) 97 (107)코, 오른쪽 앞판=31 (36) 41 (45) 49 (54)코. 이제 바늘에 총 123 (143) 163 (179) 195 (215)코 있다.

1단: 왼쪽 앞판에서 시작해서, 모든 코를 겉뜨기한다.

2단: 안뜨기한다.

1~2단을 몸판 편물이 진동에서 23 (23) 25 (25) 27 (27)cm가 될 때까지 반복한다. 주의: 안면 단으로 마무리한다.

7mm 줄바늘로 바꿔 다음과 같이 밑단을 작업한다:

밑단 1단: *겉뜨기1, 안뜨기1*, 1코 남을 때까지 *~*을 반복한다. 겉뜨기1로 마무리한다.

밑단 2단: *안뜨기1, 겉뜨기1*, 1코 남을 때까지 *~*을 반복한다. 안뜨기1로 마무리한다.

밑단 1~2단을 1회 더 반복한다. 주의: 안면 단으로 마무리한다.

고무뜨기하면서 느슨하게 코막음한다.

소매

8mm 장갑바늘을 사용해서: 진동 중심 왼쪽에서 시작해 어깨로 올라갔다가 진동 중심 오른쪽으로 다시 내려가며 60 (60) 60 (66) 66 (66)코 줍는다.

표시링을 걸어 단 시작을 표시한다.

소매 편물이 25cm가 될 때까지 원통으로 메리야스뜨기(모든 단 겉뜨기)한다.

코줄임 단: 겉뜨기1, 1코 걸러뜨기, 겉뜨기1, 걸러뜨기한 코를 겉뜨기한 코 위로 덮어씌운다. 3코 남을 때까지 겉뜨기한다. 왼코줄임, 겉뜨기1. 2코 줄어듦. 겉뜨기로 1단 뜬다.

계속해서 바늘에 28 (28) 28 (30) 30 (30)코 남을 때까지 2단마다 코줄임한다.

7mm 장갑바늘을 사용해서: 원통으로 고무뜨기(겉뜨기1, 안뜨기1)로 4단 뜬다.

고무뜨기하면서 느슨하게 코막음한다.

두 번째 소매도 동일한 방법으로 뜬다.

마무리

실끝을 정리한다. 니팅스쿨 161쪽 지시사항을 참고해 카디건을 조심스럽게 블로킹한다.

프리마 카디건 뜨는 법 단계별로 알아보기

1. 27쪽의 지시사항에 따라 뒤판의 첫 번째 부분을 작업한다.

2. 이제 코줍기할 시간이다: 왼쪽 어깨를 따라 그림과 같이 바늘을 넣는다.

3. 실로 바늘을 감싸고 코를 줍는다.

4. 정확한 콧수를 주울 때까지 반복한다. 그런 다음 27쪽의 지시사항에 따라 왼쪽 앞판을 뜬다.

5. 왼쪽 앞판이 완성되면 오른쪽 앞판의 코를 줍고 27쪽의 지시사항에 따라 편물을 앞뒤로 뒤집어가며 작업한다.

6. 양쪽이 모두 완성되면 모든 섹션이 같은 바늘로 작업되도록 전체 편물을 함께 뜰 차례이다. 편물을 앞뒤로 뒤집어가며 작업하여 몸판을 완성한다. 그다음에 소매 코를 어깨와 동일한 방식으로 한쪽씩 줍는다.

리드Reed

겨울과 봄은 맞닿은 계절입니다. 녹지 않은 눈과 얼음이 나뭇가지에 맺힌 꽃송이와 봄 햇살과 함께 존재하며, 갈대가 바람에 흔들립니다. 그리고 길가에는 아네모네가 나타나기 시작합니다. 작년의 마른 풀들에 돋아난 생명의 흔적. 놀라운 시간입니다. 한 해가 새롭게 시작되죠.

리드 카디건은 일상의 든든한 친구입니다. 부드럽고 유연한 소재로, 새 생명의 흔적을 찾아 이른 봄 산책을 즐기기에 딱 알맞은 보온성을 선사합니다.

실: 예르보의 라마 소프트(소프트 베이비라마 85%, 폴리아미드 15%, 50g=150m)

게이지: 5mm(US 8) 바늘로 메리야스뜨기 10×10cm=16코×23단

사이즈: EU 34 (36) 38 (40) 42 (44) 46 (48)/US 2 (4) 6 (8) 10 (12) 14 (16)

가슴둘레: 85 (90) 95 (100) 105 (113) 118 (125)cm

총길이: 49 (49) 49 (52) 52 (54) 54 (56)cm

소매 길이: 45 (45) 46 (46) 47 (47) 46 (46)cm

실 소요량:

소프트 샌드Soft Sand(no. 58202): 250 (250) 300 (300) 350 (350) 400 (400)g

장갑바늘: 5mm(US 8)·6mm(US 10)

줄바늘: 5mm(US 8)·6mm(US 10) 80cm 길이

부자재: 단추(지름 약 17mm) 5개, 표시링 4개, 안전핀

난이도: 중

구조: 이 카디건은 하나의 편물로 앞뒤로 뒤집어가며 아래에서 위로 뜹니다. 그다음에 소매 코를 줍고 되돌아뜨기로 소매산 모양을 만듭니다.

기법:

M1R 코늘림=오른쪽으로 기울어지게 1코 코늘림한다. 니팅스쿨 163쪽 참고.

M1L 코늘림=왼쪽으로 기울어지게 1코 코늘림한다. 니팅스쿨 163쪽 참고.

몸판

5mm 줄바늘을 사용해서: 118 (126) 134 (142) 150 (162) 170 (182)코 만든다.
밑단을 앞뒤로 뒤집어가며 작업한다.
1단(안면): 안뜨기2, *겉뜨기2, 안뜨기2*, *~*를 단 끝까지 반복한다.
2단(겉면): 겉뜨기, *안뜨기2, 겉뜨기2*, *~*를 단 끝까지 반복한다.
3단(안면): 안뜨기2, *겉뜨기2, 안뜨기2*, *~*를 단 끝까지 반복한다.
2~3단을 2회 더 반복한다.
6mm 줄바늘로 바꿔 메리야스뜨기(겉면 단에서 겉뜨기, 안면 단에서 안뜨기)로 10단 뜬다. 주의: 첫 단에서 양쪽 옆 '솔기'에 각각 표시링을 건다(니팅스쿨 163쪽 참고). 30/31 (32/33) 34/35 (36/37) 38/39 (41/42) 43/44 (46/47)코 사이, 88/89 (94/95) 100/101 (106/107) 112/113 (121/122) 127/128 (136/137)코 사이.
코늘림 단: *표시링 1코 전까지 겉뜨기한다. M1R 코늘림(기법 참고), 겉뜨기1, 표시링 옮긴다. 겉뜨기1, M1L 코늘림(기법 참고)*. *~*을 1회 반복하고, 단 끝까지 겉뜨기한다. 4코 늘어남.
9단 메리야스뜨기한다. 코늘림 단을 뜬다. 11단 메리야스뜨기한다. 코늘림 단을 뜬다. 총 130 (138) 146 (154) 162 (174) 182 (194)코. 계속해서 몸판 편물이 26 (26) 25 (28) 27 (29) 28 (30)cm가 될 때까지 메리야스뜨기하는데, 안면 단으로 마무리한다.
진동 코막음: *첫 번째 표시링 2코 전까지 겉뜨기한다. 4코 코막음하고 표시링 제거한다*. *~*를 반복하고, 단 끝까지 겉뜨기한다. 총 122 (130) 138 (146) 154 (166) 174 (186)코.
이제 앞판=양쪽 각 31 (33) 35 (37) 39 (42) 44 (47)코, 뒤판=60 (64) 68 (72) 76 (82) 86 (92)코를 따로 메리야스뜨기한다.

왼쪽 앞판

6mm 줄바늘을 사용해서: 안뜨기로 1단 작업한다.
진동에서 1코 코줄임하는데, 매 단 코줄임을 3 (3) 5 (5) 7 (7) 9 (9)회 반복하고, 2단마다 코줄임을 1 (2) 1 (2) 1 (3) 1 (3)회 반복하고, 4단마다 코줄임을 1회 한다. 총 26 (27) 28 (29) 30 (31) 33 (34)코.
계속해서 왼쪽 앞판 편물이 진동에서 21 (21) 20 (22) 21 (23) 21 (23)cm가 될 때까지 메리야스뜨기한다. 겉면 단으로 마무리한다.
네크라인 모양 만들기
다음 단(안면): 단 시작에서 7 (7) 7 (6) 7 (7) 6 (6)코 코막음한다. 총 19 (20) 21 (23) 23 (24) 27 (28)코.
목 가장자리에서 1코 코줄임하는데, 매 단 코줄임을 5회 반복하고, 2단마다 코줄임을 1 (1) 1 (2) 2 (2) 3 (3)회 반복하고, 4단마다 코줄임을 1회 한다. 총 12 (13) 14 (15) 15 (16) 18 (19)코.
1단 메리야스뜨기한다. 안면 단으로 마무리한다.
어깨 모양 만들기
(겉면) 다음의 콧수를 2단마다 단 시작에서 3회 코막음한다: **사이즈1:** 4, 4, 4 **사이즈2:** (4, 4, 5) **사이즈3:** 5, 5, 4 **사이즈4:** (5, 5, 5) **사이즈5:** 5, 5, 5 **사이즈6:** (5, 5, 6) **사이즈7:** 6, 6, 6 **사이즈8:** (6, 6, 7). 실을 자른다.

오른쪽 앞판

6mm 줄바늘을 사용해서, 실을 다시 연결하고 안면에서 시작해 다음과 같이 진동 코막음을 진행한다: 진동에서 1코 코줄임하는데, 매 단 코줄임을 3 (3) 5 (5) 7 (7) 9 (9)회 반복하고, 2단마다 코줄임을 1 (2) 1 (2) 1 (3) 1 (3)회 반복하고, 4단마다 코줄임을 1회 한다. 총 26 (27) 28 (29) 30 (31) 33 (34)코.
계속해서 오른쪽 앞판 편물이 진동에서 21 (21) 20 (22) 21 (23) 21 (23)cm가 될 때까지 메리야스뜨기한다.
안면 단으로 마무리한다.
네크라인 모양 만들기
다음 단(겉면): 단 시작에서 7 (7) 7 (6) 7 (7) 6 (6)코 코막음한다. 총 19 (20) 21 (23) 23 (24) 27 (28)코.
목 가장자리에서 1코 코줄임하는데, 매 단 코줄임을 5회 반복하고, 2단마다

코줄임을 1 (1) 1 (2) 2 (2) 3 (3)회 반복하고, 4단마다 코줄임을 1회 한다. 총 12 (13) 14 (15) 15 (16) 18 (19)코.
1단 뜬다. 겉면 단으로 마무리한다.
어깨 모양 만들기
(겉면) 다음의 콧수를 2단마다 단 시작에서 3회 코막음한다: **사이즈1:** 4, 4, 4 **사이즈2:** (4, 4, 5) **사이즈3:** 5, 5, 4 **사이즈4:** (5, 5, 5) **사이즈5:** 5, 5, 5 **사이즈6:** (5, 5, 6) **사이즈7:** 6, 6, 6 **사이즈8:** (6, 6, 7). 실을 자른다.

뒤판

6mm 줄바늘을 사용해서: 실을 다시 연결하고 안면에서 시작해 진동 코를 코막음한다.
양쪽 끝에서 1코씩 코줄임하는데, 매 단 코줄임을 3 (3) 5 (5) 7 (7) 9 (9)회 반복하고, 2단마다 코줄임을 1 (2) 1 (2) 1 (3) 1 (3)회 반복하고, 4단마다 코줄임을 1회 한다. 총 50 (52) 54 (56) 58 (60) 64 (66)코.
계속해서 뒤판 편물이 26 (26) 25 (28) 27 (29) 28 (30)cm가 될 때까지 메리야스뜨기한다. 안면 단으로 마무리한다.
어깨·네크라인 모양 만들기
(겉면) 다음 2단을 뜨는데 단 시작에서 4 (4) 5 (5) 5 (5) 6 (6)코 코막음한다. 총 42 (44) 44 (46) 48 (50) 52 (54)코.
다음 단(겉면): 4 (4) 5 (5) 5 (5) 6 (6)코 코막음한다. 오른손 바늘에 8 (9) 8 (9) 9 (10) 10 (11)코 생길 때까지 겉뜨기한다. 편물을 뒤집어 남은 코—뒷목 중심과 왼쪽 어깨—를 안전핀에 쉼코로 둔다. 양쪽을 따로 작업한다.
오른쪽 목·어깨
(안면) 안면에서 목 가장자리 4코 코막음한다. 단 끝까지 안뜨기한다. 남은 어깨 4 (5) 4 (5) 5 (6) 6 (7)코를 코막음한다.
쉼코로 뒀던 코로 돌아와서 중심의 18 (18) 18 (18) 20 (20) 20 (20)코—목—를 코막음한다. 단 끝까지 겉뜨기한다.
왼쪽 목·어깨
왼쪽은 오른쪽과 동일하게 작업하는데 모양 만들기를 반대로 한다. 실을 자른다.

소매

소매를 뜨기 전에 메리야스잇기(니팅스쿨 164쪽 참고) 기법을 사용해서 어깨 솔기를 잇는다. 6mm 장갑바늘을 사용해서 편물의 겉면이 보이는 상태에서 진동 중심 왼쪽에서 시작해 어깨로 올라갔다가 진동 중심 오른쪽으로 다시 내려가며, 고르게 분배해 52 (52) 54 (54) 56 (56) 58 (58)코 줍는다.
되돌아뜨기로 소매산 모양을 만든다(니팅스쿨 162쪽의 되돌아뜨기와 랩앤턴에 대해 읽는다). 주의: 진행하면서 되돌아뜨기 코를 만나면 정리한다. 또한 5~6단을 반복할 때 이중 되돌아뜨기 코가 추가된다.
되돌아뜨기 1단: 겉뜨기34, 랩앤턴.
되돌아뜨기 2단: 안뜨기16, 랩앤턴.
되돌아뜨기 3단: 전 단의 되돌아뜨기 지점까지 겉뜨기한다. 겉뜨기1, 랩앤턴.
되돌아뜨기 4단: 전 단의 되돌아뜨기 지점까지 안뜨기한다. 안뜨기1, 랩앤턴.
되돌아뜨기 5단: 전 단의 되돌아뜨기 지점까지 겉뜨기한다, 랩앤턴. (코늘림하지 않는다.)
되돌아뜨기 6단: 전 단의 되돌아뜨기 지점까지 안뜨기한다, 랩앤턴. (코늘림하지 않는다.)
되돌아뜨기 5~6단을 반복한다.
되돌아뜨기 3~4단을 반복한다.
되돌아뜨기 5~6단을 총 2회 반복한다.
되돌아뜨기 3~4단을 반복한다.
되돌아뜨기 5~6단을 총 2회 반복한다.
되돌아뜨기 3~4단을 반복한다.
되돌아뜨기 5~6단을 총 2회 반복한다.
되돌아뜨기 3~4단을 반복한다.
되돌아뜨기 5~6단을 반복한다.

되돌아뜨기 3~4단을 반복한다.

되돌아뜨기 5~6단을 반복한다.

되돌아뜨기 3~4단을 총 3회 반복한다.

단 끝까지 겉뜨기한다. 표시링을 걸어 단 시작을 표시한다.

원통으로 8단 겉뜨기한다.

코줄임 단: 겉뜨기1, 1코 걸러뜨기, 겉뜨기1, 걸러뜨기한 코를 겉뜨기한 코 위로 덮어씌운다. 3코 남을 때까지 겉뜨기한다, 왼코줄임, 겉뜨기1.

계속해서 메리야스뜨기하면서 36 (36) 36 (40) 40 (40) 44 (44)코 남을 때까지 8단마다 코줄임한다.

계속해서 소매 편물이 39 (39) 40 (40) 41 (41) 40 (40)cm가 될 때까지 겉뜨기한다.

5mm 장갑바늘로 바꿔 고무뜨기(겉뜨기2, 안뜨기2)로 소맷단이 6cm가 될 때까지 뜬다.

고무뜨기하면서 느슨하게 코막음한다. 두 번째 소매도 동일한 방법으로 뜬다.

넥밴드

편물의 겉면이 보이는 상태에서 5mm 줄바늘을 사용해: 네크라인 가장자리를 따라 고르게 분배해 78 (78) 78 (78) 82 (82) 86 (86)코 줍는다.

다음 무늬를 참고해 고무뜨기한다:

1단(안면): 안뜨기2, *겉뜨기2, 안뜨기2*, *~*를 단 끝까지 반복한다.

2단(겉면): 겉뜨기2, *안뜨기2, 겉뜨기2*, *~*를 단 끝까지 반복한다.

고무뜨기로 4단 더 작업한다.

안면에서 고무뜨기하면서 느슨하게 코막음한다.

단추여밈단
왼쪽 단추여밈단

편물의 겉면이 보이는 상태에서 5mm 줄바늘을 사용해: 목의 고무뜨기단 위쪽에서 시작해 왼쪽 앞판 가장자리를 따라서 고르게 분배해 82 (82) 82 (86) 86 (86) 86 (90)코 줍는다.

이제 고무뜨기로 작업한다:

1단(안면): 안뜨기2, *겉뜨기2, 안뜨기2*, *~*를 단 끝까지 반복한다.

2단(겉면): 겉뜨기2, *안뜨기2, 겉뜨기2*, *~*를 단 끝까지 반복한다.

고무뜨기로 4단 더 작업한다.

안면에서 고무뜨기하면서 코막음한다.

오른쪽 단추여밈단

5mm 줄바늘을 사용해서(겉면): 아래쪽에서 시작해 오른쪽 앞판 가장자리를 따라서 고르게 분배해 82 (82) 82 (86) 86 (86) 86 (90)코 줍는다.

왼쪽 단추여밈단과 동일한 방법으로 고무뜨기로 3단 작업하는데, 안면 단으로 마무리한다.

단춧구멍 단(겉면): 고무뜨기로 4코 작업한다. *왼코줄임, 바늘비우기, 16 (16) 16 (17) 17 (17) 17 (18)코 고무뜨기한다*. *~*를 3회 더 반복하는데, 왼코줄임, 바늘비우기, 4코 고무뜨기로 마무리한다.

고무뜨기로 2단 더 작업한다. 안면에서 고무뜨기하면서 코막음한다.

마무리

실끝을 정리한다. 니팅스쿨 161쪽 지시사항을 참고해 카디건을 조심스럽게 블로킹한다. 단춧구멍의 위치에 맞춰 반대편에 단추를 단다.

미라지Mirage

봄

미라지 카디건은 제가 어렸을 때 엄마가 입던 카디건을 떠올리며 디자인한 작품입니다. 그 카디건으로 니트 의류와 처음 인연을 맺은 셈이에요. 할머니가 직접 떠주신 것이어서 저에게는 여러 의미에서 편안함과 안정감을 상징합니다.

미라지는 프랑스어에서 유래한 단어로 '환상'을 뜻합니다. 이 카디건을 보면 제 내면의 이미지가 비치기 때문에 기쁨을 느낍니다. 마치 미래를 위해 재현된 과거의 신기루 같아요!

미라지가 여러분에게도 편안하고 포근한 옷이길 바랍니다. 카디건은 필요할 때마다 추위로부터 우리를 보호해주는 부드러운 갑옷과도 같으니까요.

실: 예르보의 2합 울(울 100%, 100g=300m)
게이지: 3.5mm(US 4) 바늘로 메리야스뜨기 10×10cm=24코×30단
사이즈: EU 36 (38) 40 (42) 44 (46) 48/US 4 (6) 8 (10) 12 (14) 16
가슴둘레: 88 (93) 98 (105) 110 (115) 120cm
총길이: 54 (54) 54 (54) 56 (56) 56cm
소매 길이: 46 (46) 46 (48) 48 (48) 48cm
실 소요량:
색상1 에메랄드 아이스Emerald Ice(no. 74143): 300 (300) 350 (350) 400 (450) 500g
색상2 실버 스트림Silver stream(no. 74104): 200 (200) 200 (250) 300 (300) 300g
색상3 티 로즈Tea Rose(no. 74126): 소량
줄바늘: 3mm(US 2.5)·3.5mm(US 4) 80cm 길이
장갑바늘: 3mm(US 2.5)·3.5mm(US 4)
부자재: 단추(지름 15mm) 11개
난이도: 상
구조: 몸판은 아래에서 위로 원통으로 뜹니다. 그런 다음 소매를 하나씩 원통뜨기합니다. 그다음에 각 편물을 하나의 줄바늘로 옮겨서 연결하여 코줄임해 요크를 만듭니다. 마무리로 단추여밈단을 뜬 후 앞판의 스틱을 잘라 카디건의 트임을 만듭니다. 밑단과 넥밴드는 앞뒤로 뒤집어가며 평면뜨기한다는 점에 유의하세요. 모델이 착용한 카디건은 안타깝게도 단종된 산네스의 토브Tove로 제작되었는데, 대체 실은 예르보의 2합 울로, 굵기와 품질은 동일합니다.
기법:
M1L 코늘림=왼쪽으로 기울어지게 1코 코늘림한다. 니팅스쿨 163쪽 참고.
M1R 코늘림=오른쪽으로 기울어지게 1코 코늘림한다. 니팅스쿨 163쪽 참고.

몸판

3mm 줄바늘과 색상1 실을 사용해서: 205 (217) 229 (247) 259 (271) 283코 만든다.

밑단을 앞뒤로 뒤집어가며 작업한다:

1단(안면): 안뜨기1, *겉뜨기1, 안뜨기1*, *~*을 단 끝까지 반복한다.

2단(겉면): 겉뜨기1, *안뜨기1, 겉뜨기1*, *~*을 단 끝까지 반복한다.

3단(안면): 안뜨기1, *겉뜨기1, 안뜨기1*, *~*을 단 끝까지 반복한다.

밑단이 4cm가 될 때까지 2~3단을 반복한다.

3.5mm 줄바늘로 바꿔 모든 코 겉뜨기한다. 더블 트위스트 루프 기법(니팅스쿨 164쪽의 동영상 링크 참고)으로 스틱 7코를 만든다. 스틱 코는 또한 단의 시작과 끝을 표시하는 '표시링' 역할을 한다. (주의: 스틱 코는 카디건의 총 콧수에 포함되지 않으며, 스틱 코에서는 코늘림이나 코줄임을 하지 않는다.)

코가 꼬이지 않도록 조심해서 원통으로 잇는다. 겉뜨기로 1단 더 작업하고 계속해서 무늬도안A를 참고해서 다음과 같이 3~19단을 진행한다: 단 끝에 1코 남을 때까지 1~6번 코를 반복하고, 1번 코로 마무리한다.

몸판 편물이 26 (26) 26 (26) 26 (26) 26cm가 될 때까지 이전과 동일한 무늬로 8~10단을 반복한다(몸판을 길게 뜨고 싶으면 8~19단을 더 반복한다). 무늬도안B를 참고해서 1~15단을 작업한다. 무늬 반복은 이전의 지시사항을 참고한다. 주의: 15단에서 0 (0) 0 (2) 2 (2) 2코 코줄임한다. 총 205 (217) 229 (245) 257 (269) 281코.

색상2 실을 사용해서 다음과 같이 진동 코막음한다: 48 (51) 53 (57) 60 (63) 66코 겉뜨기한다, 6 (6) 8 (8) 8 (8) 8코 코막음한다, 97 (103) 107 (115) 121 (127) 133코 겉뜨기한다, 6 (6) 8 (8) 8 (8) 8코 코막음한다, 48 (51) 53 (57) 60 (63) 66코 겉뜨기한다. 총 193 (205) 213 (229) 241 (253) 265코. 소매를 뜨는 동안 몸판 코를 쉼코로 둔다.

소매

3mm 장갑바늘과 색상1 실을 사용해서: 48 (48) 48 (54) 54 (54) 54코 만든다.

소매 편물이 4cm가 될 때까지 원통으로 고무뜨기(겉뜨기1, 안뜨기1)한다.

표시링을 걸어 단 시작을 표시한다.

3.5mm 장갑바늘을 사용해서: 무늬도안A를 참고해서 메리야스뜨기(모든 단 겉뜨기)로 작업한다. 7~18단을 반복하는데, 6 (6) 6 (6) 4 (4) 4단마다 2코 코늘림을 총 14 (15) 17 (17) 21 (23) 24회 반복한다. 총 76 (78) 82 (88) 96 (100) 102코.

주의: 다음과 같이 코늘림 단을 진행한다: 겉뜨기1, M1L 코늘림(기법 참고), 1코 남을 때까지 겉뜨기한다, M1R 코늘림(기법 참고), 겉뜨기1. 양쪽 가장자리에서 코늘림해 새로 만든 코는 무늬도안대로 진행한다.

소매 편물이 39 (39) 39 (41) 41 (41) 41cm가 될 때까지 겉뜨기한다.

무늬도안의 7단 혹은 13단을 뜬 후 마무리한다.

무늬도안B를 참고해서 1~15단을 진행하는데, 5 (1) 5 (5) 1 (5) 1번 코로 시작해서 6코를 단 끝까지 반복한다(무늬도안은 여러 사이즈에서 정확하게 나누어떨어지지 않지만, 무늬가 연결되지 않는 부분은 소매 안쪽에 숨겨질 것이다).

색상2 실을 사용해서: 처음 3 (3) 4 (4) 4 (4) 4코와 마지막 3 (3) 4 (4) 4 (4) 4코를 코막음한다. 총 70 (72) 74 (80) 88 (92) 94코. 쉼코로 둔다. 두 번째 소매도 동일하게 뜬다.

요크

몸판과 소매의 모든 코를 3.5mm 줄바늘에 옮기는데, 소매를 몸판의 코막음한 곳에 놓는다. 총 333 (349) 361 (389) 417 (437) 453코.

색상2 실을 사용해서, **사이즈1, 2, 4, 5, 6, 7**만 해당: 메리야스뜨기로 진행하는데 첫 단에서 고르게 분배해 2 (1) – (7) 1 (4) 3코 코줄임한다. 총 331 (348) – (382) 416 (433) 450코.

사이즈3: 메리야스뜨기로 진행하는데 첫 단에서 고르게 분배해 4코 코늘림한다. 총 365코.

총 331 (348) 365 (382) 416 (433) 450코.

모든 사이즈 해당: 겉뜨기로 6단 더 작업한다.

코줄임 1단: 겉뜨기7, *겉뜨기15, 왼코줄임*. *~*을 1코 남을 때까지 반복한다(스틱 코는 콧수에서 제외), 겉뜨기1. 총 312 (328) 344 (360) 392 (408) 424코. 겉뜨기로 5 (5) 5 (6) 6 (6) 6단 뜬다.

코줄임 2단: 겉뜨기7, *겉뜨기14, 왼코줄임*. *~*을 1코 남을 때까지 반복한다(스틱 코는 콧수에서 제외), 겉뜨기1. 총 293 (308) 323 (338) 368 (383) 398코. 겉뜨기로 5 (5) 5 (6) 6 (6) 6단 뜬다.

코줄임 3단: 겉뜨기7, *겉뜨기13, 왼코줄임*. *~*을 1코 남을 때까지 반복한다(스틱 코는 콧수에서 제외), 겉뜨기1. 총 274 (288) 302 (316) 344 (358) 372코. 겉뜨기로 3 (3) 3 (3) 3 (6) 6단 뜬다.

코줄임 4단: 겉뜨기7, *겉뜨기12, 왼코줄임*. *~*을 1코 남을 때까지 반복한다(스틱 코는 콧수에서 제외), 겉뜨기1. 총 255 (268) 281 (294) 320 (333) 346코. 겉뜨기로 3 (3) 3 (3) 3 (3) 6단 뜬다.

코줄임 5단: 겉뜨기7, *겉뜨기11, 왼코줄임*. *~*을 1코 남을 때까지 반복한다(스틱 코는 콧수에서 제외), 겉뜨기1. 총 236 (248) 260 (272) 296 (308) 320코. 겉뜨기로 3단 뜬다.

코줄임 6단: 겉뜨기7, *겉뜨기10, 왼코줄임*. *~*을 1코 남을 때까지 반복한다(스틱 코는 콧수에서 제외), 겉뜨기1. 총 217 (228) 239 (250) 272 (283) 294코. 겉뜨기로 3단 뜬다.

코줄임 7단: 겉뜨기7, *겉뜨기9, 왼코줄임*. *~*을 1코 남을 때까지 반복한다(스틱 코는 콧수에서 제외), 겉뜨기1. 총 198 (208) 218 (228) 248 (258) 268코. 겉뜨기로 3단 뜬다.

코줄임 8단: 겉뜨기7, *겉뜨기8, 왼코줄임*. *~*을 1코 남을 때까지 반복한다(스틱 코는 콧수에서 제외), 겉뜨기1. 총 179 (188) 197 (206) 224 (233) 242코. 겉뜨기로 17단 뜬다.

코줄임 9단: 겉뜨기7, *겉뜨기7, 왼코줄임*. *~*을 1코 남을 때까지 반복한다(스틱 코는 콧수에서 제외), 겉뜨기1. 총 160 (168) 176 (184) 200 (208) 216코. 겉뜨기로 3단 뜬다.

코줄임 10단: *겉뜨기6, 왼코줄임*. *~*을 반복한다. 총 140 (147) 154 (161) 175 (182) 199코. 겉뜨기로 1단 뜬다.

코줄임 11단: 겉뜨기하는데 단 전체에 고르게 분배해 7 (14) 17 (22) 32 (35) 52코 코줄임한다. 총 133 (133) 137 (139) 143 (147) 147코.

단 끝에서 스틱 7코를 코막음한다.

3mm 줄바늘로 바꿔 편물을 앞뒤로 뒤집어가며 고무뜨기로 작업한다:

1단(겉면): 겉뜨기1, *안뜨기1, 겉뜨기1*, *~*을 단 끝까지 반복한다.

2단(안면): 안뜨기1, *겉뜨기1, 안뜨기1*, *~*을 단 끝까지 반복한다.

고무뜨기로 총 6단 작업할 때까지 1~2단을 반복한다. 고무뜨기하면서 느슨하게 코막음한다.

단추여밈단

왼쪽 단추여밈단

3mm 줄바늘과 색상2 실을 사용해서(겉면): 위쪽에서 시작해서 왼쪽 앞판 가장자리를 따라서 코줍기한다. 가장자리를 유연하게 만들기 위해, 4단에 3코 줍는다(각 코는 앞판 단과 관계가 있다) (예를 들어 *3코 줍는다, 4번째 코는 건너뛴다*, *~*를 반복한다). 반드시 홀수 코를 코줍기한다.

고무뜨기로 작업한다:

1단(안면): *안뜨기1, 겉뜨기1*, *~*를 1코 남을 때까지 반복한다, 안뜨기1.

2단(겉면): *겉뜨기1, 안뜨기1*, *~*를 1코 남을 때까지 반복한다, 겉뜨기1.

3단(안면): *안뜨기1, 겉뜨기1*, *~*를 1코 남을 때까지 반복한다, 안뜨기1.

2~3단을 총 5회 반복한다. 총 11단.

고무뜨기하면서 코막음한다.

오른쪽 단추여밈단

3mm 줄바늘과 색상2 실을 사용해서(겉면): 아래쪽에서 시작해서 오른쪽 앞판 가장자리를 따라서 코줍기한다. 반드시 왼쪽 가장자리와 동일한 콧수를 줍는다. 가장자리를 따라 고르게 분배해 11개의 표시링을 바늘에 걸어 단춧구멍을 표시한다(각 단춧구멍은 2코로 만든다).

5단까지 왼쪽 단추여밈단 지시사항을 따라서 고무뜨기한다.

6단(단춧구멍 1단, 겉면): 첫 번째 단춧구멍까지 고무뜨기한다. 그다음에 다음과 같이 진행한다: *바늘비우기, 왼코줄임, 계속해서 다음 단춧구멍까지 앞에서 해온 방식대로 고무뜨기한다*. 모든 단춧구멍을 완성할 때까지 *~* 를 반복하고 단 끝까지 고무뜨기한다.

7단(단춧구멍 2단, 안면): 앞에서 해온 방식대로 단 끝까지 고무뜨기한다.

고무뜨기로 4단 더 작업하고 고무뜨기하면서 코막음한다.

스틱 자르기

니팅스쿨 160쪽을 참고한다. 가운데 스틱 코 양쪽을 재봉실을 써서 손바느질로 박음질해 솔기를 강화한다. 조심스럽게 가운데 스틱 코의 중심을 잘라 카디건의 트임을 만든다. (잘린 가장자리는 안면으로 말릴 것이다.) 잘린 가장자리는 장식 밴드를 꿰매 안면에 숨기거나 가장자리를 접어서 안면에 보이지 않게 꿰맨다(니팅스쿨 160~161쪽 참고).

마무리

진동의 구멍을 메리야스잇기로 꿰맨다(니팅스쿨 164쪽 참고). 실끝을 정리한다. 니팅스쿨 161쪽 지시사항을 참고해 카디건을 조심스럽게 블로킹한다. 단춧구멍의 위치에 맞춰 반대편에 단추를 단다.

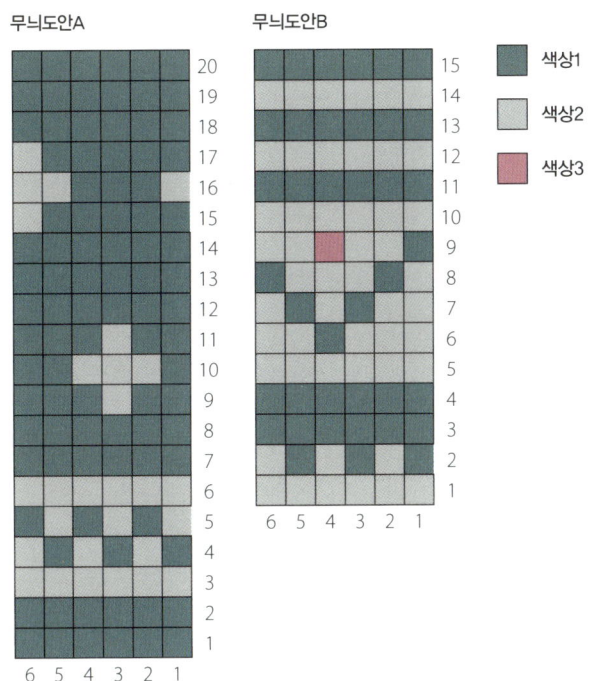

무늬도안A

20 19 18 17 16 15 14 13 12 11 10 9 8 7 6 5 4 3 2 1

6 5 4 3 2 1

무늬도안B

15 14 13 12 11 10 9 8 7 6 5 4 3 2 1

6 5 4 3 2 1

■ 색상1
□ 색상2
■ 색상3

몇 년 전, 이웃 마을의 덤불에 수백 마리의 나비가 모여들었습니다. 마법 같은 광경이었죠. 아무도 그 이유를 몰랐지만 (나비는 알 수 없는 존재니까요) 저는 나비가 그곳에 있다는 사실에 기뻤어요. 다음 여름에는 오두막 옆 숲을 산책하러 갔다가 전에는 한 번도 본 적 없는 꽃이 만발한 가문비나무를 발견했는데, 꼭대기가 작은 빨간 원뿔로 완전히 덮여 있었어요. 자연은 놀라움을 선사하는 것을 멈추지 않지요. 그래서 저는 자연을 가까이하는 것을 좋아합니다.

저는 뜨개 중인 편물을 손에 들고 오래된 돌계단에 앉아 풍경을 바라봅니다. 정원에는 작약이 피고 새들이 슬레이트 지붕 위를 맴돌고 있습니다. 홉이 덩굴을 뻗고 양들이 매애 하고 울음소리를 냅니다. 공기는 따뜻하고 양치기 개 한 마리가 인사를 하러 옵니다.

이런 날에 우리는 산책을 나갑니다. 숲의 모든 색과 모양을 흡수하며 나중에 배색무늬를 디자인할 때를 위해 외워둬야겠다고 생각해요. 하지만 지금은 저녁 물놀이를 즐기는 여름입니다. 집으로 돌아가는 길에는 가장 부드러운 카디건을 몸에 걸칩니다.

미드서머 Midsummer

일 년 중 낮이 가장 긴 하지 전야는 꽃, 나뭇잎으로 장식된 마차, 서클 댄스, 아코디언, 파티로 특징지어집니다. 물론 가끔 비가 내리기도 하지만 하지 축제를 즐기는 사람들은 비에 익숙합니다! 결국 날씨보다는 친구와 가족, 전통, 그리고 즐거운 시간을 보내는 것이 중요하죠. 제 딸 그레타와 함께 이웃집 트랙터를 타고 여름 축제에 갔을 때처럼, 오래도록 기억에 남는 추억이 만들어집니다. 친구들과 함께 저녁까지 춤을 추던 모든 여름날도 추억입니다. 저는 집에서 만든 민속 의상을 입고 발데르스 하게의 공원에서 놀던 어린 시절을 기억합니다. 지나간 스웨덴 여름에 소중한 순간들이 정말 많았어요.

그리고 하지에도 언제나 저녁은 찾아옵니다. 안개가 목초지를 덮고 곧 한여름 밤의 특별한 마법이 찾아오죠. 이때가 바로 어깨를 감쌀 카디건이 필요한 때일지도 몰라요…

실: 라우마 울바레파브리크의 라우마 핀울(퓨어 뉴 울 100%, 50g=175m)

게이지: 3mm(US 2.5) 바늘로 메리야스뜨기 10×10cm=24코×30단

사이즈: S/M (L/XL) 2XL

가슴둘레: 90 (108) 124cm

총길이: 50 (52) 54cm

소매 길이: 52 (53) 54cm

실 소요량:

색상1 헤더 퍼플/륑Lyng(no. 427): 300 (350) 400g

색상2 내추럴/나투르Natur(no. 401): 50 (50) 50g

색상3 제이드그린/야데그륀Jadegrønn(no. 4215): 50 (50) 50g

색상4 빈티지로즈/감멜로사Gammelrosa(no. 4571): 25 (25) 25g

장갑바늘: 2.5mm(US 1.5)·3 mm(US 2.5)

줄바늘: 2.5mm(US 1.5)·3mm(US 2.5) 80cm 길이

부자재: 단추(지름 15mm) 9개, 표시링 13~17개, 안전핀, 장식 밴드(선택사항)

난이도: 상

구조: 이 카디건은 위에서 아래로 내려가며 원통으로 뜹니다—요크, 몸판, 소매 순서. 그다음에 앞판 스틱을 잘라 카디건의 트임을 만들고(니팅스쿨 160쪽 참고), 단추여밈단과 넥밴드를 뜹니다.

기법:

되돌아뜨기와 랩앤턴=니팅스쿨 162쪽 참고.

M1R 코늘림=오른쪽으로 기울어지게 1코 코늘림한다. 니팅스쿨 163쪽 참고.

M1B 코늘림=1단 아래 코에 1코 코늘림한다. 니팅스쿨 163쪽 참고.

M1L 코늘림=왼쪽으로 기울어지게 1코 코늘림한다. 니팅스쿨 163쪽 참고.

요크

3mm 줄바늘과 색상1 실을 사용해서: 138 (148) 154코 만든다(이 중 5코는 잘라서 카디건의 트임을 만드는 스틱에 해당한다).

이제 주어진 무늬도안을 참고해서 작업한다. 모든 무늬도안(A, B/C, D, E, F)에서 자신이 만드는 사이즈에 따라 지시된 단에서 시작한다.

S/M 5~37단, **L/XL** (3~37)단, **2XL** 1~37단을 뜬다:

각 무늬도안을 다음과 같이 작업한다: 겉뜨기3(스틱), 무늬도안A, 무늬도안 B/C를 5 (6) 7회 반복한다. 무늬도안D, 무늬도안E를 4 (5) 6회 반복한다. 무늬도안F, 겉뜨기2(스틱). 동시에, 무늬도안에 지시된 대로 코늘림한다. 총 330 (386) 442코.

원통으로 메리야스뜨기(모든 단 겉뜨기)한다.

무늬도안G를 참고해서 다음과 같이 1~25단을 배색무늬로 진행한다:

S/M: 겉뜨기3(스틱), 7~8번 코를 뜬다. 1~8번 코를 5코 남을 때까지 반복한다. 1~3번 코를 뜬다, 겉뜨기2(스틱).

L/XL: 겉뜨기3(스틱), 7~8번 코를 뜬다. 1~8번 코를 5코 남을 때까지 반복한다. 1~3번 코를 뜬다, 겉뜨기2(스틱).

2XL: 겉뜨기3(스틱), 1~8번 코를 3코 남을 때까지 반복한다. 1번 코를 뜬다, 겉뜨기2(스틱).

색상1 실을 사용해서: 겉뜨기로 2 (8) 10단 더 뜬다.

몸판

겉뜨기3(스틱), 겉뜨기48 (57) 68(=왼쪽 앞판), 다음 68 (78) 84코를 안전핀에 옮겨 쉼코로 둔다(=왼쪽 소매).

6코를 새로 만든다. 표시링을 건다(=진동 중심). 6코를 새로 만든다.

겉뜨기93 (111) 133(=뒤판), 다음 68 (78) 84코를 안전핀에 옮겨 쉼코로 둔다 (=오른쪽 소매).

6코를 새로 만든다. 표시링을 건다(=진동 중심). 6코를 새로 만든다.

겉뜨기48 (57) 68, 겉뜨기2(스틱)(=오른쪽 앞판). 총 218 (254) 298코.

몸판 편물이 24 (25) 26cm가 될 때까지 겉뜨기한다. 마지막 단에서 스틱 5코를 코막음한다.

2.5mm 줄바늘로 바꿔 앞뒤로 뒤집어가며 1코 남을 때까지 고무뜨기(겉뜨기1, 안뜨기1)하는데, 겉뜨기로 마무리한다. 고무뜨기단이 4cm가 되면, 고무뜨기 하면서 느슨하게 코막음한다.

소매

3mm 장갑바늘과 색상1 실을 사용해서: 진동의 표시링(이전에 몸판에서 6코를 새로 만든 곳) 왼쪽에서 시작해 6코 줍는다. 안전핀에 두었던 68 (78) 84 코를 겉뜨기한다. 진동 중심 오른쪽에서 6코 더 줍는다. 총 80 (90) 96코. 소매 편물이 7 (5) 5cm가 될 때까지 겉뜨기한다.

코줄임 단: 겉뜨기1, 1코 걸러뜨기, 겉뜨기1, 걸러뜨기한 코를 겉뜨기한 코 위로 덮어씌운다. 표시링 3코 전까지 겉뜨기한다. 왼코줄임, 겉뜨기1. 2코 줄어듦.

코줄임 단을 3.5 (3) 3cm마다, 총 12 (15) 15회 반복한다. 이제 24코 코줄임했다. 총 56 (60) 66코.

소매 편물이 48cm가 될 때까지 겉뜨기한다.

2.5mm 장갑바늘로 바꿔 고무뜨기단이 4cm가 될 때까지 고무뜨기(겉뜨기1, 안뜨기1)로 작업한다. 고무뜨기하면서 느슨하게 코막음한다.

두 번째 소매도 동일한 방법으로 뜬다.

단추여밈단
왼쪽 앞판 가장자리

편물의 겉면이 보이는 상태에서 2.5mm 줄바늘과 색상1 실을 사용해서: 위쪽에서 시작해서 왼쪽 앞판 가장자리를 따라 113 (117) 121코 줍는다.

이제 고무뜨기로 작업한다:

1단(안면): *안뜨기1, 겉뜨기1*. 1코 남을 때까지 *~*을 반복한다. 안뜨기1.

2단(겉면): *겉뜨기1, 안뜨기1*. 1코 남을 때까지 *~*을 반복한다. 겉뜨기1.

1~2단을 총 6회 반복한다(총 12단). 안면에서 고무뜨기하면서 느슨하게 코막음한다.

오른쪽 앞판 가장자리

편물의 겉면이 보이는 상태에서 2.5mm 줄바늘과 색상1 실을 사용해서: 아래쪽에서 시작해서 오른쪽 앞판 가장자리를 따라 113 (117) 121코 줍는다.

왼쪽 앞판 가장자리 단추여밈단 설명을 참고해서 5단까지 고무뜨기로 뜬다:

6단(단춧구멍 1단, 겉면): 고무뜨기로 4 (6) 4코 뜬다. *2코 코막음한다. 고무 뜨기로 11 (11) 12코 뜬다*. *~*를 7회 더 반복한다. 2코 코막음한다. 고무뜨 기로 3 (5) 3코 뜬다.

7단(단춧구멍 2단, 안면): 고무뜨기로 3 (5) 3코 뜬다, 2코를 새로 만든다. *고 무뜨기로 11 (11) 12코 뜬다, 2코를 새로 만든다*. *~*를 7회 더 반복한다. 고 무뜨기로 4 (6) 4코 뜬다. 고무뜨기로 5단 더 뜬다. 안면에서 고무뜨기하면서 코막음한다.

넥밴드

2.5mm 줄바늘과 색상1 실을 사용해서: 네크라인 주위를 따라 고르게 분배해 131 (153) 175코 줍는다.

겉뜨기37 (43) 49, 표시링을 걸어 단 시작을 표시한다. (니팅스쿨 162쪽의 되돌아뜨기와 랩앤턴에 대해 읽는다.)

되돌아뜨기 1단: 겉뜨기57 (67) 77, 랩앤턴.

되돌아뜨기 2단: 겉뜨기62 (72) 82, 랩앤턴.

되돌아뜨기 3단: 겉뜨기67 (77) 87, 랩앤턴.

되돌아뜨기 4단: 겉뜨기72 (82) 92, 랩앤턴.

되돌아뜨기 5단: 겉뜨기77 (87) 97, 랩앤턴.

되돌아뜨기 6단: 앞중심에 닿을 때까지 모든 코를 겉뜨기한다.

다음 단은 전체를 겉뜨기한다—동시에, 단 전체에 고르게 분배해 8 (10) 12 코 코줄임한다. 총 123 (143) 163코.

가터뜨기로 5단 뜬다. 코막음한다.

스틱 자르기

니팅스쿨 160쪽을 참고한다. 가운데 스틱 코 양쪽을 재봉실을 써서 손바느질로 박음질해 솔기를 강화한다. 조심스럽게 가운데 스틱 코의 중심을 잘라 카디건의 트임을 만든다. (잘린 가장자리는 안면으로 말릴 것이다.)

마무리

실끝을 정리한다. 니팅스쿨 161쪽 지시사항을 참고해 카디건을 조심스럽게 블로킹한다. 단춧구멍의 위치에 맞춰 반대편에 단추를 단다. 잘린 가장자리는 장식 밴드를 꿰매 안면에 숨기거나 가장자리를 접어서 안면에 보이지 않게 꿰맨다(니팅스쿨 160~161쪽 참고).

무늬도안A

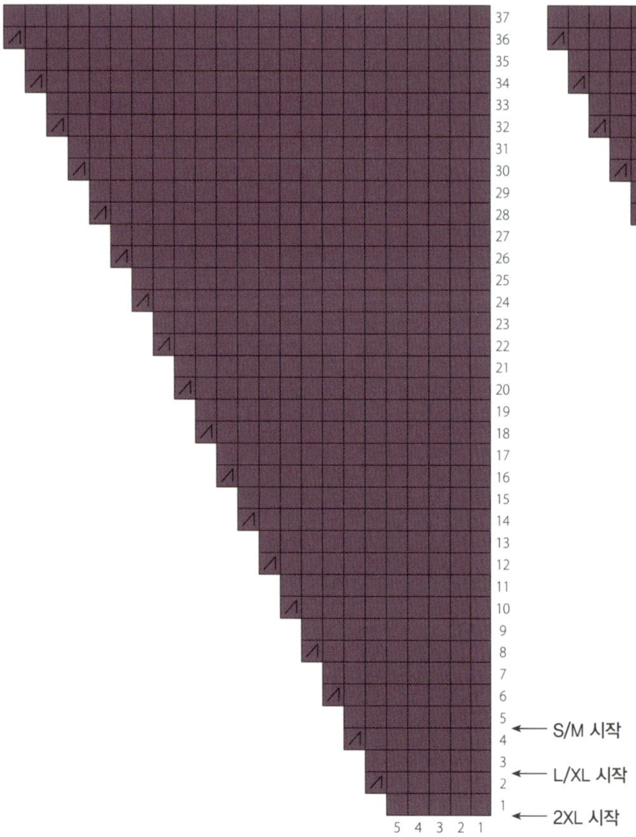

37
36
35
34
33
32
31
30
29
28
27
26
25
24
23
22
21
20
19
18
17
16
15
14
13
12
11
10
9
8
7
6
5　← S/M 시작
4
3　← L/XL 시작
2
1　← 2XL 시작

5 4 3 2 1

무늬도안B/C

37
36
35
34
33
32
31
30
29
28
27
26
25
24
23
22
21
20
19
18
17
16
15
14
13
12
11
10
9
8
7
6
5　← S/M 시작
4
3　← L/XL 시작
2
1　← 2XL 시작

10 9 8 7 6 5 4 3 2 1

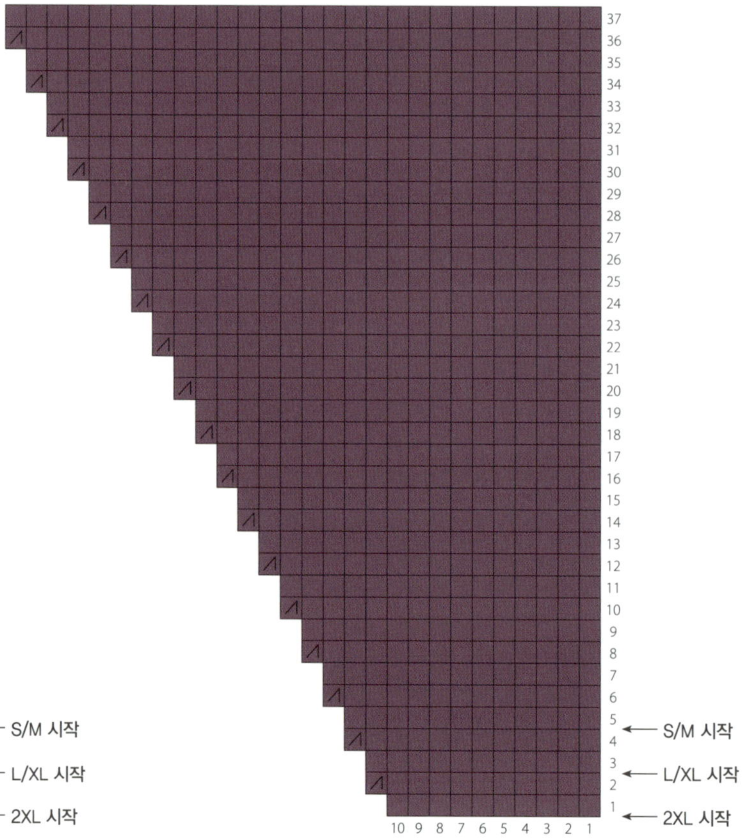

무늬도안D

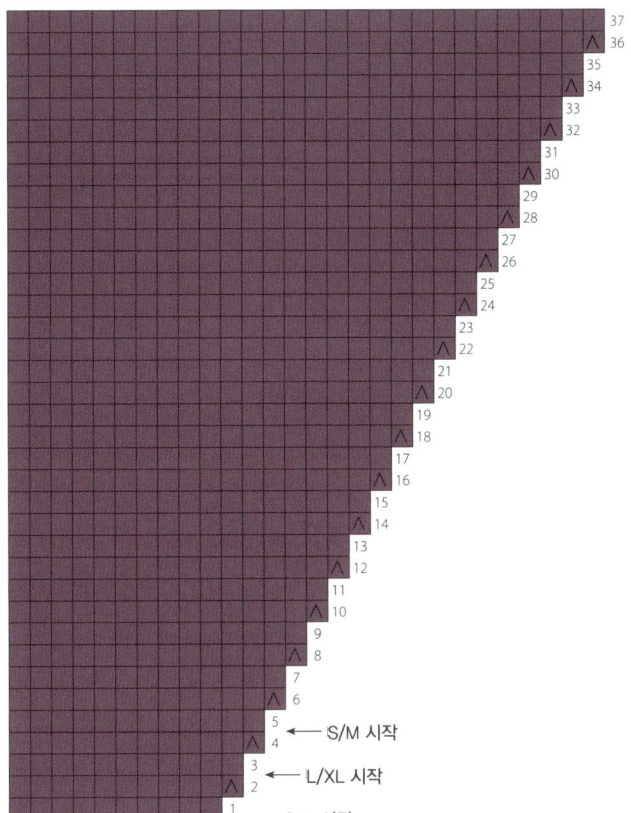

무늬도안E

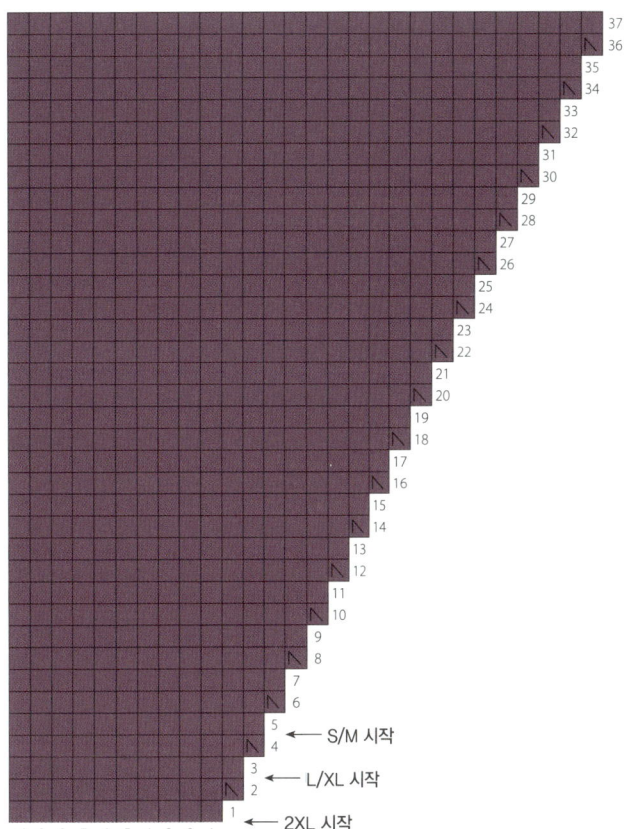

무늬도안F

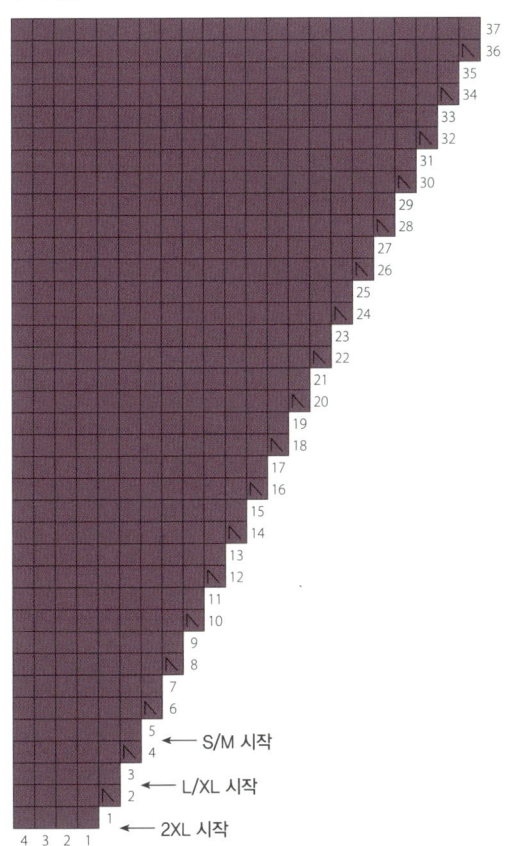

무늬도안G

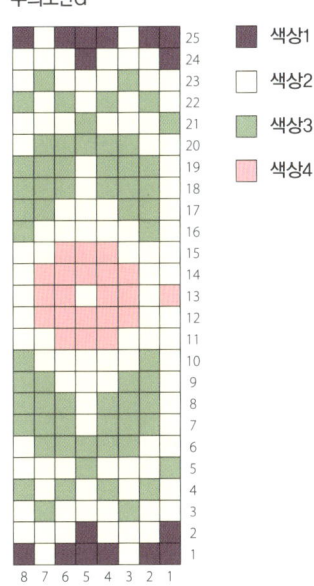

■ = 색상1
□ = 색상2
■ = 색상3
■ = 색상4

◸ = M1L 코늘림-왼쪽으로 기울어지게 코늘림(니팅스쿨 163쪽 참고)
◠ = M1B 코늘림-1단 아래 코에 코늘림(니팅스쿨 163쪽 참고)
◺ = M1R 코늘림-오른쪽으로 기울어지게 코늘림(니팅스쿨 163쪽 참고)

여름 53

달리아Dahlia

달리아는 멕시코가 원산지로, 18세기에 유럽으로 전해졌어요. 식물학자 칼 폰 린네의 제자 안데르스 달의 이름을 따서 달리아라는 이름이 붙여졌습니다. 이 화려한 꽃은 19세기에 전성기를 누렸지만 최근 몇 년 사이 우리의 마음과 화단에서 다시 모습을 드러내고 있습니다. 여기, 스톡홀름 남쪽에 있는 엔스케데의 눈부신 달리아 공원에서도요.

달리아 카디건은 여름 파티나 결혼식, 가족 모임에 입을 수 있도록 디자인되었습니다. 축하 행사나 기념일에 멋지게 차려입고 싶을 때 걸치기 좋은 의상이에요.

달리아는 세 가닥의 모헤어로 떠서 깃털처럼 가볍고 구름처럼 푹신한 느낌을 줍니다. 세 가닥의 실을 원하는 색상으로 섞어 아름다운 색조와 독특한 조합을 만들 수도 있습니다. 이 카디건의 걸러뜨기 고무뜨기 가장자리는 평면뜨기할 때 안뜨기가 필요 없는 흥미로운 기법을 사용했습니다.

실: 예르보의 핀 모헤어 실크(모헤어 72%, 실크 28%, 25g=210m)
게이지: 4mm(US 6) 바늘로 메리야스뜨기 10×10cm=18코×24단
사이즈: XS (S) M (L) XL (2XL)
가슴둘레: 89 (101) 110 (118) 128 (136)cm
총길이: 54 (54) 55 (55) 56 (56)cm
소매 길이: 47 (47) 48 (48) 49 (49)cm
실 소요량:
색상1 핑크 마시멜로Pink Marshmallow(no. 31529): 175 (200) 225 (250) 275 (300)g
색상2 오이스터 머시룸Oyster Mushroom(no. 31523): 100 (100) 125 (125) 150 (150)g
장갑바늘: 3.5(US 4)·4mm(US 6)
줄바늘: 3.5(US 4)·4mm(US 6) 80cm 길이
부자재: 표시링 4개, 안전핀
난이도: 중
구조: 벌룬 소매가 있는 이 카디건은 위에서 아래로 내려가며 뜹니다. 앞판 가장자리는 단추나 단춧구멍이 없습니다. 이 카디건은 볼레로처럼 열어 입습니다.
기법:
표시링 건다=표시링을 오른손 바늘에 건다. 니팅스쿨 163쪽 참고.
표시링 옮긴다=표시링을 왼손 바늘에서 오른손 바늘로 옮긴다. 니팅스쿨 163쪽 참고.
M1R 코늘림=오른쪽으로 기울어지게 1코 코늘림한다. 니팅스쿨 163쪽 참고.
M1L 코늘림=왼쪽으로 기울어지게 1코 코늘림한다. 니팅스쿨 163쪽 참고.
평면뜨기로 걸러뜨기 고무뜨기단
1단(겉면)=겉뜨기한다.
2단(안면)=*실을 편물 앞에 두고 안뜨기하듯이 2코 걸러뜨기, 겉뜨기2*. *~*를 단 끝까지 반복한다.
원통뜨기로 걸러뜨기 고무뜨기단
1단=겉뜨기한다.
2단=*실을 편물 뒤에 두고 안뜨기하듯이 2코 걸러뜨기, 안뜨기2*, *~*를 단 끝까지 반복한다.

요크

주의: 옷 전체를 다음의 실로 뜬다: 색상1 실 2가닥, 색상2 실 1가닥(총 3가닥).

4mm 줄바늘을 사용해서: 48 (50) 56 (60) 64 (68)코 만든다.

1단(안면): 안뜨기하는데, 동시에 다음과 같이 표시링을 건다: 안뜨기2, 표시링 건다(기법 참고), 안뜨기8, 표시링 건다, 안뜨기28 (30) 36 (40) 44 (48), 표시링 건다, 안뜨기8, 표시링 건다, 안뜨기2.

래글런 코늘림:

2단(겉면): 겉뜨기1 *표시링 1코 전까지 겉뜨기한다, M1R 코늘림(기법 참고), 겉뜨기1, 표시링 옮긴다(기법 참고), 겉뜨기1, M1L 코늘림(기법 참고)*, *~*을 3회 더 반복한다, 단 끝까지 겉뜨기한다(8코 늘어남). 총 56 (58) 64 (68) 72 (76)코.

3단: 안뜨기한다.

4~5단: 2~3단을 반복한다. 총 64 (66) 72 (76) 80 (84)코. 래글런 코늘림하면서, 동시에 앞판 브이넥 코늘림을 진행한다:

6단: 겉뜨기1, M1L 코늘림, *표시링 1코 전까지 겉뜨기한다, M1R 코늘림, 겉뜨기1, 표시링 옮긴다, 겉뜨기1, M1L 코늘림*, *~*를 3회 더 반복한다, 1코 남을 때까지 겉뜨기한다, M1R 코늘림, 겉뜨기1(10코 늘어남). 총 74 (76) 82 (86) 90 (94)코.

7단: 안뜨기한다.

4~7단을 9 (11) 12 (13) 14 (15)회 더 반복한다. 총 236 (274) 298 (320) 342 (364)코. 4~5단을 1 (1) 1 (1) 2 (2)회 더 반복한다. 총 244 (282) 306 (328) 358 (380)코.

몸판과 소매 분리

첫 번째 표시링까지 겉뜨기한다, 다음 52 (60) 64 (68) 74 (78)코를 안전핀에 옮겨 쉼코로 둔다(=왼쪽 소매). 처음 2개의 표시링을 제거하고 6코 만든다(=진동). 다음 표시링까지 겉뜨기한다, 다음 52 (60) 64 (68) 74 (78)코를 안전핀에 옮겨 쉼코로 둔다(=오른쪽 소매). 마지막 2개의 표시링을 제거하고 6코 만든다(=진동). 단 끝까지 겉뜨기한다. 총 152 (174) 190 (204) 222 (236)코.

몸판

몸판 편물이 진동에서 21 (21) 22 (22) 23 (23)cm가 될 때까지 메리야스뜨기(평면뜨기일 때 겉면에서 겉뜨기, 안면에서 안뜨기)한다. 안면 단으로 마무리하는데, 동시에 단 전체에 고르게 분배해 2 (0) 0 (2) 0 (2)코 코줄임한다. 총 150 (174) 190 (202) 222 (234)코.

3.5mm 줄바늘로 바꿔 걸러뜨기 고무뜨기로 7cm 뜬다(기법 참고). 주의: 안면 단에서 처음 걸러뜨기 2코는 겉뜨기2로 대체한다. 겉뜨기하면서 코막음한다.

소매

한쪽 소매 코를 4mm 장갑바늘로 옮긴다.

1단: 진동 중심 왼쪽에서 시작해서, 4코 줍는다(처음 3코는 진동에서 새로 만든 코에서 줍고, 4번째 코는 원래의 소매 코 사이 몸통과 소매가 연결되는 부분 '구멍'에서 줍는다), 소매 52 (60) 64 (68) 74 (78)코를 겉뜨기한다, 진동 중심 오른쪽에서 4코 줍는다. 총 60 (68) 72 (76) 82 (86)코.

표시링을 걸어 단 시작을 표시한다.

소매 편물이 38 (38) 39 (39) 40 (40)cm가 될 때까지 메리야스뜨기(원통뜨기일 때 모든 단 겉뜨기)한다.

코줄임 1단: 겉뜨기2 (2) 0 (2) 1 (3), *왼코줄임, 겉뜨기5* (*왼코줄임, 겉뜨기6*) *왼코줄임, 겉뜨기7* (*왼코줄임, 겉뜨기7*) *왼코줄임, 겉뜨기8* (*왼코줄임, 겉뜨기8*), *~*을 2 (2) 0 (2) 1 (3)코 남을 때까지 반복한다, 겉뜨기2 (2) 0 (2) 1 (3). 총 52 (60) 64 (68) 74 (78)코.

겉뜨기로 1단 뜬다.

코줄임 2단: 겉뜨기2 (2) 0 (2) 1 (3), *왼코줄임, 겉뜨기4* (*왼코줄임, 겉뜨기5*) *왼코줄임, 겉뜨기6* (*왼코줄임, 겉뜨기6*) *왼코줄임, 겉뜨기7* (*왼코줄임, 겉뜨기7*). *~*을 2 (2) 0 (2) 1 (3)코 남을 때까지 반복한다, 겉뜨기2 (2) 0 (2) 1 (3). 총 44 (52) 56 (60) 66 (70)코.

겉뜨기로 1단 뜬다.

코줄임 3단: 겉뜨기2 (2) 0 (2) 1 (3), *왼코줄임, 겉뜨기3* (*왼코줄임, 겉뜨기4*) *왼코줄임, 겉뜨기5* (*왼코줄임, 겉뜨기5*) *왼코줄임, 겉뜨기6* (*왼코줄임, 겉뜨기6*). *~*을 2 (2) 0 (2) 1 (3)코 남을 때까지 반복한다. 겉뜨기2 (2) 0 (2) 1 (3). 총 36 (44) 48 (52) 58 (62)코.

겉뜨기로 1단 뜨는데, 동시에 단 전체에 고르게 분배해 0 (0) 4 (4) 6 (10)코 코줄임한다. 바늘에 총 36 (44) 44 (48) 52 (52)코 남아 있다.

3.5mm 장갑바늘로 바꿔 걸러뜨기 고무뜨기로 7cm 작업한다. 겉뜨기하면서 코막음한다.

고무뜨기 앞여밈단

편물의 겉면이 보이는 상태에서 3.5mm 줄바늘을 사용해서: 앞판 가장자리와 네크라인을 따라서 코줍기하는데(오른쪽 앞판에서 시작한다) 약 4단에 3코 줍는다. 4의 배수에 2를 더한 콧수를 줍는다. 예를 들어 242 (246) 250 (254) 258 (262)코.

걸러뜨기 고무뜨기로 7cm 작업하는데 안면 단으로 마무리한다(주의: 겉면에서 코줍기한 것이 사실상 첫 단이어서, 코줍기 후 처음 뜨는 단은 2단/안면 단이 된다).

주의: 계속해서 앞에서 해온 방식대로 고무뜨기하기 전에, 안면에서 처음 걸러뜨기 2코는 겉뜨기2로 대체한다.

겉뜨기하면서 코막음한다.

마무리

실끝을 정리한다. 니팅스쿨 161쪽 지시사항을 참고해 카디건을 조심스럽게 블로킹한다.

호르텐시아Hortensia

여름

호르텐시아, 즉 수국의 푸른색은 놀라운 색입니다. 이 꽃이 어떻게 호르텐시아라는 이름을 얻게 되었는지에 대해서 많은 이야기가 있지만, 저에게 가장 기억에 남는 것은 1766년 프랑스 식물학자 필리베르 코메르송이 발견을 위해 아시아로 떠난 항해 이야기입니다. 남자만 참가할 수 있었지만, 그럼에도 그는 사랑하는 여인 호르탕스Hortense를 몰래 배에 태웠습니다. 그녀는 남자처럼 옷을 입고 하인인 척했지만, 여행 중에 정체가 드러나고 말았습니다. 하지만 그녀는 전설적인 식물을 가져오는 데 성공했어요. 이 꽃의 이름은 호르탕스의 이름을 딴 라틴어인 호르텐시아로 명명되었습니다. 호르텐시아 베스트는 마감이 멋지고 실용적인 옷입니다. 울 실 한 가닥과 모헤어 한 가닥을 함께 떠서 더욱 멋스러워요.

실: 예르보의 스벤스크 울 3합(스웨덴 울 100%, 100g=180m) · 예르보의 핀 모헤어 실크(모헤어 72%, 실크 28%, 25g=210m)

게이지: 2가닥의 실을 함께 잡고 4.5mm(US 7) 바늘로 메리야스뜨기 10×10cm=17코×22단

사이즈: S (M) L (XL) 2XL (3XL)

조끼 가슴둘레: 88 (96) 102 (112) 124 (136)cm

조끼 총길이: 48 (49) 50 (51) 52 (53)cm

실 소요량:

스벤스크 울 3합, 달라 블루Dala Blue(no. 59012): 200 (300) 300 (300) 400 (400)g

핀 모헤어 실크, 내추럴 화이트Natural White(no. 31520): 75 (75) 75 (100) 100 (100)g

줄바늘: 3.5mm(US 4) · 4.5mm(US 7) 80cm 길이

장갑바늘: 3.5mm(US 4)

부자재: 단추(지름 약 25mm) 5개, 이탈리안 코막음에 쓸 돗바늘, 바늘 3개를 이용한 코막음에 쓸 4.5mm(US 7) 장갑바늘, 안전핀

난이도: 중

구조: 이 조끼는 하나의 편물로 앞뒤로 뒤집어가며 아래에서 위로 뜹니다. 처음에 몸판을 뜨다가 진동 부분에서 앞뒤를 분리해 앞판, 뒤판 순서로 뜹니다. 어깨는 바늘 3개를 이용한 코막음 기법으로 연결합니다. 고무뜨기 가장자리는 이탈리안 코잡기와 코막음 방법으로 멋지게 마무리합니다.

기법:

고무뜨기 가장자리(겉면)=처음 8코를 다음과 같이 뜬다: 실을 편물 뒤에 두고 첫 코를 겉뜨기하듯이 걸러뜨기한다. *안뜨기1, 겉뜨기1*, *~*을 2회 더 반복한다. 안뜨기1, 단 끝에서 마지막 8코를 다음과 같이 뜬다: *안뜨기1, 겉뜨기1*, *~*을 3회 더 반복한다.

고무뜨기 가장자리(안면)=처음 8코를 다음과 같이 뜬다: 실을 편물 앞에 두고 첫 코를 안뜨기하듯이 걸러뜨기한다. *겉뜨기1, 안뜨기1*, *~*을 2회 더 반복한다. 겉뜨기1, 단 끝에서, 마지막 8코를 다음과 같이 뜬다: *겉뜨기1, 안뜨기1*, *~*을 3회 더 반복한다.

단춧구멍(겉면)=실을 편물 뒤에 두고 첫 코를 겉뜨기하듯이 걸러뜨기한다. 안뜨기1, 겉뜨기1, 겉뜨기하면서 2코 코막음한다. 겉뜨기1, 안뜨기1.

단춧구멍(안면)=앞에서 해온 방식대로 고무뜨기 가장자리 무늬로 작업하고 8코 남을 때까지 안뜨기한다. 마지막 8코를 다음과 같이 뜬다: 겉뜨기1, 안뜨기1, 겉뜨기1, 더블 트위스티드 루프 기법(니팅스쿨 164쪽 동영상 링크 참고)으로 2코 만든다. 안뜨기1, 겉뜨기1, 안뜨기1.

고무뜨기 밑단

겉면 단의 첫 코는 항상 실을 편물 뒤에 두고 겉뜨기하듯이 걸러뜨기하고, 안면 단의 첫 코는 항상 실을 편물 앞에 두고 안뜨기하듯이 걸러뜨기한다. 이렇게 하면 깔끔한 가장자리를 얻을 수 있다.

3.5mm 줄바늘과 각 실을 1가닥씩 잡고: 이탈리안 코잡기 기법(니팅스쿨 164쪽 동영상 링크 참고)으로 177 (193) 205 (221) 241 (261)코 만든다. 겉뜨기1로 시작하고 마무리한다.

고무뜨기 1단(안면): 안뜨기1, 고무뜨기(꼬아뜨기로 겉뜨기1, 실을 편물 앞에 두고 안뜨기하듯이 1코걸러뜨기)로 작업한다. ( )를 2코 남을 때까지 반복한다. 꼬아뜨기로 겉뜨기1, 안뜨기1.

고무뜨기 2단(겉면): 겉뜨기1, 고무뜨기(실을 편물 앞에 두고 안뜨기하듯이 1코걸러뜨기, 겉뜨기1)로 작업한다. ( )를 단 끝까지 반복한다.

고무뜨기 3단: 안뜨기1, (겉뜨기1, 안뜨기하듯이 1코 걸러뜨기)를 2코 남을 때까지 반복한다. 겉뜨기1, 안뜨기1.

고무뜨기 4단: 겉뜨기1, (안뜨기1, 겉뜨기1)을 단 끝까지 반복한다.

고무뜨기 5단: 안뜨기1, (겉뜨기1, 안뜨기1)을 단 끝까지 반복한다.

4~5단을 고무뜨기 밑단이 2.5cm가 될 때까지 반복하는데 안면 단으로 마무리한다.

몸판

1단(겉면): 4.5mm 줄바늘로 바꾼다—고무뜨기 가장자리(기법 참고) 8코 뜬다, 겉뜨기하며 동시에 다음 161 (177) 189 (205) 225 (245)코에 고르게 분배해 10코 코줄임한다. 마지막 8코를 고무뜨기 가장자리로 뜬다. 총 167 (183) 195 (211) 231 (251)코.

2단(안면): 고무뜨기 가장자리 8코 뜬다. 8코 남을 때까지 안뜨기한다. 고무뜨기 가장자리 뜬다.

3단: 단춧구멍(겉면)(기법 참고)을 만들면서 고무뜨기 가장자리 8코 뜬다. 8코 남을 때까지 겉뜨기한다. 고무뜨기 가장자리 뜬다.

4단: 고무뜨기 가장자리 8코 뜬다. 8코 남을 때까지 안뜨기한다. 단춧구멍(안면)을 만들면서 고무뜨기 가장자리 뜬다.

5단: 고무뜨기 가장자리 8코 뜬다. 8코 남을 때까지 겉뜨기한다. 고무뜨기 가장자리 뜬다.

6단: 고무뜨기 가장자리 8코 뜬다. 8코 남을 때까지 안뜨기한다. 고무뜨기 가장자리 뜬다. 5~6단을 몸판 편물이 30cm가 될 때까지 반복한다. 동시에 20단마다 새로운 단춧구멍(겉면과 안면)을 만든다. 총 5개.

진동 분리

앞에서 해온 방식대로 고무뜨기 가장자리와 메리야스뜨기로 43 (47) 50 (53) 58 (63)코 작업한다. 6 (6) 6 (8) 8 (8)코 코막음한다(=진동). 겉뜨기69 (77) 83 (89) 99 (109) 하고, 6 (6) 6 (8) 8 (8)코 코막음한다(=진동). 앞에서 해온 방식대로 고무뜨기 가장자리와 메리야스뜨기로 43 (47) 50 (53) 58 (63)코 작업한다.

이제 앞판과 뒤판을 따로 뜬다.

왼쪽 앞판

계속해서 앞에서 해온 방식대로 고무뜨기 가장자리와 메리야스뜨기로 작업한다. 안면 단으로 시작한다. 다음과 같이 진동 코줄임을 시작한다:
겉면 단 시작에서 2코 코막음한다. 1 (1) 1 (2) 2 (2)회.
다음 겉면 단에서 1코 코막음한다. 2 (5) 6 (7) 10 (9)회. 총 39 (40) 42 (42) 44 (50)코.
동시에 왼쪽 앞판 편물이 진동에서 6cm가 되면 네크라인 모양을 만든다.
편물의 겉면이 보이는 상태에서:
다음 단: 20 (20) 22 (23) 25 (25)코 뜬다, 다음 19 (20) 20 (19) 19 (25)코를 안전핀에 옮겨 쉼코로 둔다(=앞목).
네크라인 코줄임: 편물을 뒤집어서 2코 코막음한다, 단 끝까지 안뜨기한다.
계속해서 메리야스뜨기하는데, 이어지는 안면 단 시작에서 1코 코막음을 2회

반복한다. 총 16 (16) 18 (19) 21 (21)코.
왼쪽 앞판 편물이 진동에서 18 (19) 20 (21) 22 (23)cm가 될 때까지 메리야스뜨기한다. 안면 단으로 마무리한다.
실을 자르고 남은 코를 안전핀에 옮겨 쉼코로 둔다.

오른쪽 앞판

실을 다시 연결해서 안면에서 진동 코줄임을 시작한다: 이어지는 안면 단 시작에서 2코 코막음을 1 (1) 1 (2) 2 (2)회 반복한다. 다음 안면 단에서 1코 코막음을 2 (5) 6 (7) 10 (9)회 더 반복한다. 총 39 (40) 42 (42) 44 (50)코.
동시에 오른쪽 앞판 편물이 진동에서 6cm가 되면 네크라인 모양을 만든다.
편물의 겉면이 보이는 상태에서:
다음 단: 다음 19 (20) 20 (19) 19 (25)코를 안전핀에 옮겨 쉼코로 둔다. 실을 연결해서 20 (20) 22 (23) 25 (25)코 겉뜨기한다.
네크라인 코줄임: 편물을 뒤집어서 안뜨기로 1단 뜬다.
계속해서 메리야스뜨기하는데, 2코 코막음한다, 단 끝까지 겉뜨기한다.
계속해서 메리야스뜨기하는데, 이어지는 두 번의 겉뜨기 단 시작에서 1코 코막음을 2회 반복한다. 총 16 (16) 18 (19) 21 (21)코.
오른쪽 앞판 편물이 진동에서 18 (19) 20 (21) 22 (23)cm가 될 때까지 메리야스뜨기한다. 안면 단으로 마무리한다.
실을 자르고 남은 코를 안전핀에 옮겨 쉼코로 둔다.

뒤판

편물의 안면이 보이는 상태에서:
실을 다시 연결해서 안뜨기로 1단 뜬다. 다음과 같이 진동 코줄임을 한다:
2코 코막음을 1 (1) 1 (2) 2 (2)회 반복한다. 총 65 (73) 79 (81) 91 (101)코. 그다음 단에 양쪽 끝에 1코 코막음을 2 (4) 5 (5) 10 (14)회 더 반복한다. 총 61 (65) 69 (71) 71 (73)코.
계속해서 뒤판 편물이 진동에서 16 (17) 18 (19) 20 (21)cm가 될 때까지 메리야스뜨기한다. 안면 단으로 마무리한다.
편물의 겉면이 보이는 상태에서 앞목 중심의 27 (31) 31 (31) 27 (29)코를 코막음한다. 양쪽 어깨는 따로 마무리한다.

왼쪽 어깨

네크라인 코줄임: 안뜨기로 1단 뜬다. 다음 단 네크라인 가장자리에서 1코 코막음한다. 어깨에 총 16 (16) 18 (19) 21 (21)코 남아 있다.
왼쪽 어깨 편물이 진동에서 18 (19) 20 (21) 22 (23)cm가 될 때까지 메리야스뜨기한다. 실을 자르고 남은 코를 안전핀에 옮겨 쉼코로 둔다.

오른쪽 어깨

네크라인 코줄임: 안뜨기로 1단 뜬다. 네크라인 가장자리에서 1코 코막음한다. 어깨에 총 16 (16) 18 (19) 21 (21)코 남아 있다.
오른쪽 어깨 편물이 진동에서 18 (19) 20 (21) 22 (23)cm가 될 때까지 메리야스뜨기한다. 실을 자르고 남은 코를 안전핀에 옮겨 쉼코로 둔다.

마무리

어깨

바늘 3개를 이용한 코막음 기법(니팅스쿨 164쪽 참고)으로 어깨를 연결한다: (앞판과 뒤판의) 오른쪽 어깨 코를 4.5mm 장갑바늘로 옮긴다.
겉면이 서로 마주 보게 편물을 배치해, 왼손에 바늘 2개를 함께 잡고, 오른손에 세 번째 바늘을 잡고 뜬다. 앞판 어깨의 1코, 뒤판 어깨의 1코를 함께 겉뜨기한다. 동일한 방식으로 다음 2코를 함께 겉뜨기하고 오른손 바늘의 첫 코를 바늘에 남아 있는 다른 1코 위로 덮어씌운다. 계속해서 코를 함께 겉뜨기하면서 코막음한다. 실을 자르고 실끝을 정리한다. 왼쪽 어깨도 동일한 과정을 반복한다.

넥밴드

편물의 겉면이 보이는 상태에서, 쉼코로 두었던 오른쪽 앞판 코를 3.5mm 줄

바늘로 옮긴다. 처음 8코를 고무뜨기(겉뜨기1, 안뜨기1)로 작업한다. 남은 코를 겉뜨기한다. 그다음에 네크라인 가장자리를 따라 고르게 분배해 코줍기한다(넥밴드가 유연성이 있게 4단에 3코 줍는다). 쉼코로 두었던 왼쪽 앞판 코를 왼손 바늘로 옮긴다. 8코 남을 때까지 겉뜨기한다. 앞에서 해온 방식대로 고무뜨기(안뜨기1, 겉뜨기1)로 작업한다. 주의: 총 콧수는 2의 배수에 1을 더한 숫자여야 한다.

2단(안면): 안뜨기1, *겉뜨기1, 안뜨기1*, *〜*을 단 끝까지 반복한다.

3단(겉면): 겉뜨기1, *안뜨기1, 겉뜨기1*, *〜*을 단 끝까지 반복한다.

고무뜨기(겉뜨기1, 안뜨기1)로 2단 더 뜬다.

계속해서 고무뜨기하는데, 이어지는 2단에서, 겉뜨기 코는 보통의 방법으로 뜨고, 안뜨기 코는 안뜨기하듯이 실을 편물 앞에 두고 걸러뜨기한다.

겉면에서: 이탈리안 코막음(니팅스쿨 164쪽 동영상 링크 참고) 기법으로 코막음한다.

진동 가장자리

편물의 겉면이 보이는 상태에서 3.5mm 장갑바늘을 사용해, 진동 중심에서 코줍기를 시작한다—단 전체에 고르게 분배해 4단에 3코 코줍기한다. 주의: 총 콧수는 2의 배수여야 한다. 양쪽 진동에서 코줍기한 콧수가 동일해야 한다.

원통으로 고무뜨기(겉뜨기1, 안뜨기1)로 5단 뜬다. 계속해서 고무뜨기하는데, 다음 단에서, 겉뜨기 코는 보통의 방법으로 뜨고, 안뜨기 코는 안뜨기하듯이 실을 편물 앞에 두고 걸러뜨기한다.

겉면에서: 이탈리안 코막음 기법으로 코막음한다.

단추

실끝을 정리한다. 니팅스쿨 161쪽 지시사항을 참고해 카디건을 조심스럽게 블로킹한다. 단춧구멍의 위치에 맞춰 반대편에 단추를 단다.

플뢰르드리스 Fleur-de-lis

여름

저는 항상 상징과 그 의미에 매료됩니다. 베르그슬라겐에 있는 굴드메드스휘탄의 교회 천장은 별, 행성, 백합으로 장식되어 있는데, 이 모티프가 카디건의 배색뜨기 무늬에 영감을 주었습니다.

백합 문장紋章인 플뢰르드리스는 성모 마리아, 왕족, 가톨릭 성인과 연관된 프랑스의 오래된 상징입니다.

플뢰르드리스 카디건은 스커트나 원피스와 함께 착용할 수 있는 여름용 반소매 카디건입니다.

팁! 긴소매를 선호하는 경우 소매는 '스프링 런드리'(18쪽)의 지시사항을 따르세요.

실: 예르보의 스벤스크 울 3합(스웨덴 울 100%, 100g=180m)
게이지: 4mm(US 6) 바늘로 메리야스뜨기 10×10cm=21코×28단
사이즈: XS (S) M (L) XL (2XL) 3XL (4XL)
가슴둘레: 80 (90) 100 (110) 120 (130) 140 (150)cm
총길이: 52 (52) 52 (53) 54 (55) 55 (56)cm
소매 길이: 12 (12) 12 (13.5) 13.5 (13.5) 13.5 (13.5)cm
실 소요량:
색상1 아크틱 폭스Arctic Fox(no. 59001): 300 (300) 300 (400) 400 (400) 500 (500)g
색상2 바우어 포리스트Bauer Forest(no. 59019): 25 (25) 25 (25) 25 (25) 25 (25)g
장갑바늘: 3.5mm(US 4)·4mm(US 6)
줄바늘: 3.5mm(US 4)·4mm(US 6) 60cm 길이
부자재: 단추(지름 13~15mm) 10개, 표시링 8개, 안전핀
난이도: 중
구조: 이 카디건은 하나의 편물로 앞뒤로 뒤집어가며, 위에서 아래로 내려가며 뜹니다. 짧은 래글런 소매가 있고 몸판 아래쪽에는 배색무늬 단이 있습니다.
기법:
표시링 옮긴다=표시링을 왼손 바늘에서 오른손 바늘로 옮긴다. 니팅스쿨 163쪽 참고.
코늘림, 겉면
M1R·M1L 코늘림=오른쪽 혹은 왼쪽으로 기울어지게 코늘림한다. 니팅스쿨 163쪽 참고.
상응하는 코늘림, 안면
M1PR 코늘림=2코 사이의 가닥을 왼손 바늘로 뒤에서 주워 올려 앞가닥에 안뜨기한다.
M1PL 코늘림=2코 사이의 가닥을 왼손 바늘로 앞에서 주워 올려 뒷가닥에 안뜨기한다.
주의: 배색무늬 단을 뜰 때, 단추여밈단에 도착하면 색상2 실이 편물 뒤로 지나가지 않게 한다. 고무뜨기 가장자리를 뜨는 동안 색상2 실끝이 편물에 매달려 있도록 두었다가 계속해서 겉뜨기할 때 색상1 실 주위로 반쯤 감는다—인타시어(세로배색뜨기)와 동일한 기법이다.

요크

고무뜨기 넥밴드

3.5mm 줄바늘과 색상1 실을 사용해서: 105 (105) 105 (105) 105 (113) 113 (113)코 만든다.

1단(안면): 실을 편물 앞에 두고, 안뜨기하듯이 1코 걸러뜨기, *겉뜨기1, 안뜨기1*, *~*을 단 끝까지 반복한다.

2단(겉면): 실을 편물 뒤에 두고, 겉뜨기하듯이 1코 걸러뜨기, *안뜨기1, 겉뜨기1*, *~*을 단 끝까지 반복한다.

3단: 1단과 동일하다.

4단[단춧구멍 단]: 4코 남을 때까지 2단과 동일하게 뜬다. 바늘비우기, 왼코 줄임, 안뜨기1, 겉뜨기1. 주의: 14단마다 새로운 단춧구멍을 9회 더 만든다.

5단: 1단과 동일하다.

6단: 2단과 동일하다.

7단: 1단과 동일하다. 이번 단에서 다음과 같이 4개의 표시링을 건다(니팅스쿨 163쪽 참고): 22/23 (22/23) 22/23 (22/23) 22/23 (23/24) 23/24 (23/24)코 사이에 표시링D 건다. 34/35 (34/35) 34/35 (34/35) 34/35 (37/38) 37/38 (37/38)코 사이에 표시링C 건다. 71/72 (71/72) 71/72 (71/72) 71/72 (76/77) 76/77 (76/77)코 사이에 표시링B 건다. 마지막으로 83/84 (83/84) 83/84 (83/84) 83/84 (90/91) 90/91 (90/91)코 사이에 표시링A 건다.
이제 고무뜨기 가장자리가 완성되었다. 4mm 줄바늘로 바꿔 다른 지시사항이 없으면 편물을 앞뒤로 뒤집어가며 메리야스뜨기한다.

8단(겉면, 되돌아뜨기): 162쪽의 되돌아뜨기와 랩앤턴에 대해 읽는다. 처음 6코를 고무뜨기 가장자리와 동일하게 고무뜨기로 작업한다. 표시링C까지 겉뜨기한다. 표시링 옮긴다(기법 참고), 겉뜨기6, 랩앤턴.

9단(안면, 되돌아뜨기): 표시링B까지 안뜨기한다, 표시링 옮긴다, 안뜨기6, 랩앤턴.

10단(겉면, 되돌아뜨기): 표시링D까지 겉뜨기한다, 표시링 옮긴다, 랩앤턴. (162쪽의 지시사항에 따라 전 단의 되돌아뜨기 코를 정리한다.)

11단(안면, 되돌아뜨기): 표시링A까지 안뜨기한다, 표시링 옮긴다, 랩앤턴. (162쪽의 지시사항에 따라 전 단의 되돌아뜨기 코를 정리한다.)

12단(겉면, 되돌아뜨기): 6코 남을 때까지 겉뜨기한다. 무늬를 정확하게 유지하면서 남은 6코를 고무뜨기한다.

13단: 앞에서 해온 방식대로 처음 6코를 고무뜨기로 작업한다. 모든 단에서 고무뜨기 첫 코는 가장자리와 동일하게 걸러뜨기한다. 6코 남을 때까지 안뜨기한다. 남은 6코를 고무뜨기한다.

래글런 코늘림:

14단: 6코 고무뜨기한다, 표시링A 1코 전까지 겉뜨기한다. M1R 코늘림(기법 참고), 겉뜨기1, 표시링 옮긴다, 겉뜨기1, M1L 코늘림(기법 참고), 겉뜨기10, M1R 코늘림, 겉뜨기1, 표시링 옮긴다, 겉뜨기1, M1L 코늘림. 표시링C 1코 전까지 겉뜨기한다, M1R 코늘림, 겉뜨기1, 표시링 옮긴다, 겉뜨기1, M1L 코늘림, 겉뜨기10, M1R 코늘림, 겉뜨기1, 표시링 옮긴다, 겉뜨기1, M1L 코늘림. 6코 남을 때까지 겉뜨기한다. 6코 고무뜨기한다. 8코 늘어남. 총 113 (113) 113 (113) 113 (121) 121 (121)코.

15단 (XS): 6코 고무뜨기한다, 6코 남을 때까지 안뜨기한다, 6코 고무뜨기한다. **(S~4XL):** 6코 고무뜨기한다, 표시링D 1코 전까지 안뜨기한다, M1PR 코늘림, 안뜨기1, 표시링 옮긴다, 안뜨기1, M1PL 코늘림. 표시링C 1코 전까지 안뜨기한다, M1PR 코늘림, 안뜨기1, 표시링 옮긴다, 안뜨기1, M1PL 코늘림. 표시링B 1코 전까지 안뜨기한다, M1PR 코늘림, 안뜨기1, 표시링 옮긴다, 안뜨기1, M1PL 코늘림. 표시링A 1코 전까지 안뜨기한다, M1PR 코늘림, 안뜨기1, 표시링 옮긴다, 안뜨기1, M1PL 코늘림, 6코 남을 때까지 안뜨기한다. 6코 고무뜨기한다.

16단: 6코 고무뜨기한다, 표시링A 1코 전까지 겉뜨기한다, M1R 코늘림, 겉뜨기1, 표시링 옮긴다, 겉뜨기1, M1L 코늘림. 표시링B 1코 전까지 겉뜨기한다, M1R 코늘림, 겉뜨기1, 표시링 옮긴다, 겉뜨기1, M1L 코늘림. 표시링C 1코 전까지 겉뜨기한다, M1R 코늘림, 겉뜨기1, 표시링 옮긴다, 겉뜨기1, M1L 코늘림. 표시링D 1코 전까지 겉뜨기한다, M1R 코늘림, 겉뜨기1, 표시링 옮긴다, 겉뜨

기1, M1L 코늘림. 6코 남을 때까지 겉뜨기한다. 6코 고무뜨기한다. 총 121 (129) 129 (129) 129 (137) 137 (137)코.

17단 (XS~S): 6코 고무뜨기한다, 6코 남을 때까지 안뜨기한다, 6코 고무뜨기한다. **(M~4XL):** 6코 고무뜨기한다, 표시링D 1코 전까지 안뜨기한다, M1PR 코늘림, 안뜨기1, 표시링 옮긴다, 안뜨기1, M1PL 코늘림. 표시링C 1코 전까지 안뜨기한다, M1PR 코늘림, 안뜨기1, 표시링 옮긴다, 안뜨기1, M1PL 코늘림. 표시링B 1코 전까지 안뜨기한다, M1PR 코늘림, 안뜨기1, 표시링 옮긴다, 안뜨기1, M1PL 코늘림. 표시링A 1코 전까지 안뜨기한다, M1PR 코늘림, 안뜨기1, 표시링 옮긴다, 안뜨기1, M1PL 코늘림. 6코 남을 때까지 안뜨기한다. 6코 고무뜨기한다.

18단[단춧구멍 단]: 6코 고무뜨기한다, 표시링A 1코 전까지 겉뜨기한다, M1R 코늘림, 겉뜨기1, 표시링 옮긴다, 겉뜨기1, M1L 코늘림. 표시링B 1코 전까지 겉뜨기한다, M1R 코늘림, 겉뜨기1, 표시링 옮긴다, 겉뜨기1, M1L 코늘림. 표시링C 1코 전까지 겉뜨기한다, M1R 코늘림, 겉뜨기1, 표시링 옮긴다, 겉뜨기1, M1L 코늘림. 표시링D 1코 전까지 겉뜨기한다, M1R 코늘림, 겉뜨기1, 표시링 옮긴다, 겉뜨기1, M1L 코늘림. 6코 남을 때까지 겉뜨기한다, [단춧구멍단은 앞에서 한 방식대로 단춧구멍을 만들면서] 6코 고무뜨기한다.

19단 (XS~S): 6코 고무뜨기한다, 6코 남을 때까지 안뜨기한다, 6코 고무뜨기한다. **(M~4XL):** 6코 고무뜨기한다, 표시링D 1코 전까지 안뜨기한다, M1PR 코늘림, 안뜨기1, 표시링 옮긴다, 안뜨기1, M1PL 코늘림. 표시링C 1코 전까지 안뜨기한다, M1PR 코늘림, 안뜨기1, 표시링 옮긴다, 안뜨기1, M1PL 코늘림. 표시링B 1코 전까지 안뜨기한다, M1PR 코늘림, 안뜨기1, 표시링 옮긴다, 안뜨기1, M1PL 코늘림. 표시링A 1코 전까지 안뜨기한다, M1PR 코늘림, 안뜨기1, 표시링 옮긴다, 안뜨기1, M1PL 코늘림. 6코 남을 때까지 안뜨기한다. 6코 고무뜨기한다.

20단: 18단과 동일하다.

21단 (XS~M): 6코 고무뜨기한다, 6코 남을 때까지 안뜨기한다, 마지막 6코를 고무뜨기한다. **(L~4XL):** 6코 고무뜨기한다, 표시링D 1코 전까지 안뜨기한다, M1PR 코늘림, 안뜨기1, 표시링 옮긴다, 안뜨기1, M1PL 코늘림. 표시링C 1코 전까지 안뜨기한다, M1PR 코늘림, 안뜨기1, 표시링 옮긴다, 안뜨기1, M1PL 코늘림. 표시링B 1코 전까지 안뜨기한다, M1PR 코늘림, 안뜨기1, 표시링 옮긴다, 안뜨기1, M1PL 코늘림. 표시링A 1코 전까지 안뜨기한다, M1PR 코늘림, 안뜨기1, 표시링 옮긴다, 안뜨기1, M1PL 코늘림. 6코 남을 때까지 안뜨기한다. 6코 고무뜨기한다.

22단: 18단과 동일하다.

23단: 21단과 동일하다.

24단: 18단과 동일하다.

25단 (XS~M): 6코 고무뜨기한다, 6코 남을 때까지 안뜨기한다, 6코 고무뜨기한다. **(L~4XL):** 6코 고무뜨기한다, 표시링D 1코 전까지 안뜨기한다, M1PR 코늘림, 안뜨기1, 표시링 옮긴다, 안뜨기1, M1PL 코늘림. 표시링C 1코 전까지 안뜨기한다, M1PR 코늘림, 안뜨기1, 표시링 옮긴다, 안뜨기1, M1PL 코늘림. 표시링B 1코 전까지 안뜨기한다, M1PR 코늘림, 안뜨기1, 표시링 옮긴다, 안뜨기1, M1PL 코늘림. 표시링A 1코 전까지 안뜨기한다, M1PR 코늘림, 안뜨기1, 표시링 옮긴다, 안뜨기1, M1PL 코늘림. 6코 남을 때까지 안뜨기한다. 6코 고무뜨기한다.

26단: 18단과 동일하다.

27단 (XS~L): 6코 고무뜨기한다, 6코 남을 때까지 안뜨기한다, 6코 고무뜨기한다. **(XL~4XL):** 6코 고무뜨기한다, 표시링D 1코 전까지 안뜨기한다, M1PR 코늘림, 안뜨기1, 표시링 옮긴다, 안뜨기1, M1PL 코늘림. 표시링C 1코 전까지 안뜨기한다, M1PR 코늘림, 안뜨기1, 표시링 옮긴다, 안뜨기1, M1PL 코늘림. 표시링B 1코 전까지 안뜨기한다, M1PR 코늘림, 안뜨기1, 표시링 옮긴다, 안뜨기1, M1PL 코늘림. 표시링A 1코 전까지 안뜨기한다, M1PR 코늘림, 안뜨기1, 표시링 옮긴다, 안뜨기1, M1PL 코늘림. 6코 남을 때까지 안뜨기한다. 6코 고무뜨기한다.

28단: 18단과 동일하다.

29단: 27단과 동일하다.

30단: 18단과 동일하다.
31단 (XS~XL): 6코 고무뜨기한다. 6코 남을 때까지 안뜨기한다. 6코 고무뜨기한다. **(2XL~4XL):** 6코 고무뜨기한다. 표시링D 1코 전까지 안뜨기한다. M1PR 코늘림. 안뜨기1. 표시링 옮긴다. 안뜨기1. M1PL 코늘림. 표시링C 1코 전까지 안뜨기한다. M1PR 코늘림. 안뜨기1. 표시링 옮긴다. 안뜨기1. M1PL 코늘림. 표시링B 1코 전까지 안뜨기한다. M1PR 코늘림. 안뜨기1. 표시링 옮긴다. 안뜨기1. M1PL 코늘림. 표시링A 1코 전까지 안뜨기한다. M1PR 코늘림. 안뜨기1. 표시링 옮긴다. 안뜨기1. M1PL 코늘림. 6코 남을 때까지 안뜨기한다. 6코 고무뜨기한다.
32단[단춧구멍 단]: 18단과 동일하다.
33단 (XS~2XL): 6코 고무뜨기한다. 6코 남을 때까지 안뜨기한다. 6코 고무뜨기한다. **(3XL~4XL):** 6코 고무뜨기한다. 표시링D 1코 전까지 안뜨기한다. M1PR 코늘림. 안뜨기1. 표시링 옮긴다. 안뜨기1. M1PL 코늘림. 표시링C 1코 전까지 안뜨기한다. M1PR 코늘림. 안뜨기1. 표시링 옮긴다. 안뜨기1. M1PL 코늘림. 표시링B 1코 전까지 안뜨기한다. M1PR 코늘림. 안뜨기1. 표시링 옮긴다. 안뜨기1. M1PL 코늘림. 표시링A 1코 전까지 안뜨기한다. M1PR 코늘림. 안뜨기1. 표시링 옮긴다. 안뜨기1. M1PL 코늘림. 6코 남을 때까지 안뜨기한다. 6코 고무뜨기한다.
34단: 18단과 동일하다.
35단 (XS~2XL): 6코 고무뜨기한다. 6코 남을 때까지 안뜨기한다. 6코 고무뜨기한다. **(3XL~4XL):** 6코 고무뜨기한다. 표시링D 1코 전까지 안뜨기한다. M1PR 코늘림. 안뜨기1. 표시링 옮긴다. 안뜨기1. M1PL 코늘림. 표시링C 1코 전까지 안뜨기한다. M1PR 코늘림. 안뜨기1. 표시링 옮긴다. 안뜨기1. M1PL 코늘림. 표시링B 1코 전까지 안뜨기한다. M1PR 코늘림. 안뜨기1. 표시링 옮긴다. 안뜨기1. M1PL 코늘림. 표시링A 1코 전까지 안뜨기한다. M1PR 코늘림. 안뜨기1. 표시링 옮긴다. 안뜨기1. M1PL 코늘림. 6코 남을 때까지 안뜨기한다. 6코 고무뜨기한다.
36단: 18단과 동일하다.
37단 (XS~3XL): 6코 고무뜨기한다. 6코 남을 때까지 안뜨기한다. 6코 고무뜨기한다. **(4XL):** 6코 고무뜨기한다. 표시링D 1코 전까지 안뜨기한다. M1PR 코늘림. 안뜨기1. 표시링 옮긴다. 안뜨기1. M1PL 코늘림. 표시링C 1코 전까지 안뜨기한다. M1PR 코늘림. 안뜨기1. 표시링 옮긴다. 안뜨기1. M1PL 코늘림. 표시링B 1코 전까지 안뜨기한다. M1PR 코늘림. 안뜨기1. 표시링 옮긴다. 안뜨기1. M1PL 코늘림. 표시링A 1코 전까지 안뜨기한다. M1PR 코늘림. 안뜨기1. 표시링 옮긴다. 안뜨기1. M1PL 코늘림. 6코 남을 때까지 안뜨기한다. 6코 고무뜨기한다.
38단: 18단과 동일하다.
39단: 37단과 동일하다.
40단: 18단과 동일하다.
41단: 6코 고무뜨기한다. 6코 남을 때까지 안뜨기한다. 6코 고무뜨기한다.
42단: 18단과 동일하다.
43단: 41단과 동일하다.
44단: 18단과 동일하다.
45단: 41단과 동일하다.
46단[단춧구멍 단]: 18단과 동일하다.
47단: 41단과 동일하다.
48단: 18단과 동일하다.
49단: 41단과 동일하다.
50단: 18단과 동일하다.
51단: 41단과 동일하다.
52단: 18단과 동일하다.
53단: 41단과 동일하다.
이제 XL~4XL 래글런 코늘림이 완성되었다. 총 코늘림 수 28(XL), 29(2XL) 31(3XL) 33(4XL). 총 329코(XL), 345코(2XL), 361코(3XL), 377코(4XL)
XS~L만 해당:
54단 (XS~L): 18단과 동일하다.

55단: 6코 고무뜨기한다. 6코 남을 때까지 안뜨기한다. 6코 고무뜨기한다. 이제 L사이즈 래글런 코늘림이 완성되었다. 총 27코 늘어남. 총 321코.
56단 (XS~M): 18단과 동일하다.
57단: 6코 고무뜨기한다. 6코 남을 때까지 안뜨기한다. 6코 고무뜨기한다.
58단 (XS~M): 18단과 동일하다.
59단: 6코 고무뜨기한다. 6코 남을 때까지 안뜨기한다. 6코 고무뜨기한다. 이제 M사이즈 래글런 코늘림이 완성되었다. 총 26코 늘어남. 총 313코.
60단[단춧구멍 단]: 18단과 동일하다.
61단: 6코 고무뜨기한다. 6코 남을 때까지 안뜨기한다. 6코 고무뜨기한다. 이제 XS~S 래글런 코늘림이 완성되었다. 총 24(XS), 25(S)코 늘어남. 총 297코(XS), 305코(S).
모든 사이즈 해당:
계속해서 아래의 1~2단을 총 1 (4) 7 (10) 13 (14) 15 (16)회 반복하며 몸판 코늘림을 진행하는데, 14단마다 단춧구멍을 만든다.
1단: 6코 고무뜨기한다. 표시링A 1코 전까지 겉뜨기한다. M1R 코늘림. 겉뜨기1. 표시링 옮긴다. 표시링B까지 겉뜨기한다. 표시링 옮긴다. 겉뜨기1. M1L 코늘림. 표시링C 1코 전까지 겉뜨기한다. M1R 코늘림. 겉뜨기1. 표시링 옮긴다. 표시링D까지 겉뜨기한다. 표시링 옮긴다. 겉뜨기1. M1L 코늘림. 6코 남을 때까지 겉뜨기한다. 6코 고무뜨기한다.
2단: 6코 고무뜨기한다. 6코 남을 때까지 안뜨기한다. 6코 고무뜨기한다. 모든 코늘림을 완성하면 바늘에 총 301 (321) 341 (361) 381 (401) 421 (441)코 있어야 한다.

몸판과 소매 분리
1단 겉면: 고무뜨기 가장자리 무늬를 정확하게 유지하면서 46 (50) 54 (58) 62 (66) 69 (72)코 뜬다(=오른쪽 앞판). 표시링 옮긴다. 다음 62 (64) 66 (68) 70 (72) 76 (80)코를 안전핀에 옮겨 쉼코로 둔다(=오른쪽 소매), 표시링 제거한다. 다음 85 (93) 101 (109) 117 (125) 131 (137)코를 겉뜨기한다(=뒤판), 표시링 옮긴다. 다음 62 (64) 66 (68) 70 (72) 76 (80)코를 안전핀에 옮겨 쉼코로 둔다(=왼쪽 소매), 표시링 제거한다. 고무뜨기 가장자리 무늬를 정확하게 유지하면서 마지막 46 (50) 54 (58) 62 (66) 69 (72)코를 뜬다(=왼쪽 앞판). 이제 바늘에 총 177 (193) 209 (225) 241 (257) 269 (281)코 남아 있다.
2단: 6코 고무뜨기한다. 6코 남을 때까지 안뜨기한다. 6코 고무뜨기한다.

몸판
1단: 6코 고무뜨기한다. 6코 남을 때까지 겉뜨기한다. 6코 고무뜨기한다.
2단: 6코 고무뜨기한다. 6코 남을 때까지 안뜨기한다. 6코 고무뜨기한다.
몸판 편물이 소매를 분리한 곳에서 15cm가 될 때까지 1~2단을 반복한다. 안면 단으로 마무리한다.
무늬도안을 참고해서 배색무늬 1~22단을 뜬다. (계속해서 앞에서 해온 방식대로 단의 처음 6코와 마지막 6코를 고무뜨기하면서 진행한다.)
다음과 같이 무늬를 뜬다:
XS 3~28번 코를 뜬다. (1~28)번 코를 4회 반복한다. 1~27번 코로 마무리한다.
S: 2~8번 코를 뜬다. (1~28)번 코를 5회 반복한다. 1~14번 코로 마무리한다.
M: (1~28)번 코를 7회 반복한다. 1번 코로 마무리한다.
L: 28번 코를 뜬다. (1~28)번 코를 7회 반복한다. 1~16번 코로 마무리한다.
XL: 27~28번 코를 뜬다. (1~28)번 코를 8회 반복한다. 1~3번 코로 마무리한다.
2XL: 26~28번 코를 뜬다. (1~28)번 코를 8회 반복한다. 1~18번 코로 마무리한다.
3XL: 27~28번 코를 뜬다. (1~28)번 코를 9회 반복한다. 1~3번 코로 마무리한다.
4XL: 28번 코를 뜬다. (1~28)번 코를 9회 반복한다. 1~16번 코로 마무리한다.
무늬도안은 겉면 단에서는 왼쪽에서 오른쪽으로 진행하고 안면 단에서는 반대 방향으로 진행한다.

색상1 실을 사용해서: 앞에서 해온 방식대로 고무뜨기 가장자리가 있는 메리야스뜨기로 2단 떠서 마무리한다.

3.5mm 줄바늘로 바꿔 고무뜨기(겉뜨기1, 안뜨기1—앞에서 해온 방식대로 단 시작은 걸러뜨기)로 5cm 작업한다. 안면 단으로 마무리한다. 고무뜨기하면서 느슨하게 코막음한다.

소매

한쪽 소매 62 (64) 66 (68) 70 (72) 76 (80)코를 4mm 장갑바늘에 가능한 한 균등하게 나눈다. 실을 연결해서 진동 중심 왼쪽에서 1코 줍는다. 소매 62 (64) 66 (68) 70 (72) 76 (80)코를 겉뜨기한다. 진동 중심 오른쪽에서 1코 더 줍는다. 표시링을 걸어 단 시작을 표시한다. 총 64 (66) 68 (70) 72 (74) 78 (82)코.

XS~M: 메리야스뜨기로 15단 뜬다. 그다음에 단 전체에 고르게 분배해 10코 코줄임한다. 고무뜨기(겉뜨기1, 안뜨기1)로 6cm 작업한다. 고무뜨기하면서 느슨하게 코막음한다.

L~4XL: 메리야스뜨기로 19단 뜬다. 그다음에 단 전체에 고르게 분배해 8코 코줄임한다. 고무뜨기(겉뜨기1, 안뜨기1)로 6cm 작업한다. 고무뜨기하면서 느슨하게 코막음한다.

마무리

실끝을 정리한다. 니팅스쿨 161쪽 지시사항을 참고해 카디건을 조심스럽게 블로킹한다. 단춧구멍의 위치에 맞춰 반대편에 단추를 단다.

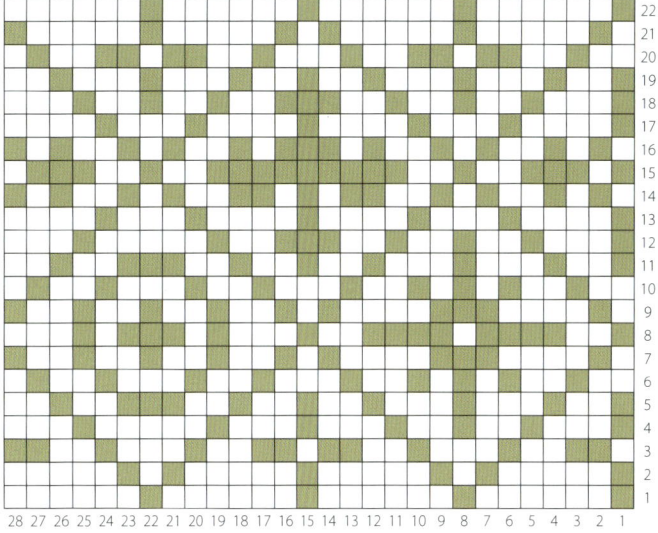

☐ 색상1

🟩 색상2

가을이 다가오면 저는 본격적인 뜨개 시즌이 시작된다는 사실에 설레기 시작합니다!

저는 소박한 양모 털실에 빠져들어, 밖에서 바람이 휘파람을 부는 동안 안락의자에 몸을 웅크리고 있습니다. 이때는 가을과 겨울을 위한 프로젝트를 계획하고 뜨개를 시작하는데, 카디건, 장갑, 양말에 사용할 색상을 고르고 조합해야 하지요. 다시 말해 이맘때는 뜨개 작업실이 아주 바쁜 시기입니다. 아마 항상 그랬을 텐데, 공기에서 지나간 날들에 대한 깊은 그리움을 느낄 수 있습니다. 마치 가을 어둠 속에서 저와 앞선 세대 사이의 연결고리가 더 강해지는 것 같습니다.

가끔 가을 산책을 나가서 하루가 다르게 변하는 단풍의 장관을 즐기기도 합니다. 단풍이 바람결에 빙그르르 돌며 떨어지고 공기는 상쾌합니다. 숲에서 우리는 축축한 이끼 속에서 살구버섯을 따기도 해요. 정원에선 늦가을 달리아가 꽃을 피우고, 냄비에는 사과 소스가 보글보글 끓고 있습니다.

카디건 없는 가을은 무언가 허전할 것입니다. 카디건을 입고 뜨개를 하면 이 계절을 더욱 깊게 즐길 수 있습니다.

마르탈 Martall

마르탈은 바람이 부는 해변이나 토양이 좋지 않은 바위 등 접근하기 어렵고 척박한 곳에서 자라는 소나무입니다. 이러한 환경 때문에 울퉁불퉁하고 뒤틀리고 크기가 작지만, 매우 밀도 높은 목재가 됩니다. 과거에는 이 난쟁이 나무가 북유럽 민속 설화에 나오는 마라, 밤에 여인이나 암말의 모습으로 나타나는 마라의 희생양이 되어 기형적인 형태로 자란 것이라고 믿었습니다.

또한 마르탈은 마법의 힘이 있고 병을 치료하는 능력이 있는 것으로 여겨져서, 이 나무를 쓰러뜨리는 사람들은 그 안에 저장된 모든 악을 받아들일 위험을 감수해야 했지요.

마르탈 카디건은 추위로부터 여러분을 보호하고 힘든 시기에 여러분을 지켜줄 것입니다. 주머니에는 솔방울, 아름다운 돌, 그 밖의 보물을 모을 수 있습니다.

실: 이스텍스의 레틀로피(아이슬란드 울 100%, 50g=100m)
게이지: 5mm(US 8) 바늘로 메리야스뜨기 10×10cm=18코×24단
사이즈: XS (S) M (L) XL (2XL) 3XL (4XL)
가슴둘레: 85 (94) 98 (107) 120 (134) 143 (156)cm
총길이: 55 (55.5) 59 (60) 63 (64.5) 66.5 (68)cm
소매 길이: 44 (45) 47 (49) 51 (52) 52 (52)cm
실 소요량:
색상1 라이트베이지 헤더Light Beige Heather(no. 10086): 400 (450) 500 (550) (550) 600 (650) (650)g
색상2 초콜릿 헤더Chocolate Heather(no. 10867): 50 (50) 50 (100) 100 (100) 150 (150)g
장갑바늘: 4.5mm(US 7)·5mm(US 8)
줄바늘: 4.5mm(US 7)·5mm(US 8) 80cm 길이
부자재: 단추(지름 15mm) 11개, 안전핀, 장식 밴드(선택사항)
난이도: 상
구조: 몸판과 소매는 각각 아래에서 위로 원통뜨기한 후 하나의 줄바늘에 모두 옮겨 연결합니다. 그다음에 요크는 코줄임하고, 되돌아뜨기로 뒷목을 뜬 다음, 넥밴드를 뜹니다. 마지막으로 단추여밈단, 주머니 가장자리, 주머니 안감을 뜬 후 앞판 스틱을 잘라 카디건의 트임을 만듭니다(니팅스쿨 160쪽 참고). 아래쪽과 위쪽의 고무뜨기단은 앞뒤로 뒤집어가며 뜹니다.
기법:
M1L 코늘림=왼쪽으로 기울어지게 1코 코늘림한다. 163쪽 니팅스쿨 참고.
M1R 코늘림=오른쪽으로 기울어지게 1코 코늘림한다. 163쪽 니팅스쿨 참고.

몸판

4.5mm 줄바늘과 색상1 실을 사용해서: 146 (162) 174 (190) 214 (234) 250 (274)코 만든다.

고무뜨기단은 편물을 앞뒤로 뒤집어가며 뜬다:

1단(안면): *안뜨기2, 겉뜨기2*, 2코 남을 때까지 *~*를 반복한다. 안뜨기2.

2단(겉면): *겉뜨기2, 안뜨기2*, 2코 남을 때까지 *~*를 반복한다. 겉뜨기2.

3단(안면): *안뜨기2, 겉뜨기2*, 2코 남을 때까지 *~*를 반복한다. 안뜨기2.

고무뜨기단이 5cm가 될 때까지 2~3단을 반복한다. 주의: 고무뜨기단은 안면에서 마무리한다.

이제부터 몸판은 원통으로 메리야스뜨기(모든 단 겉뜨기)한다.

5mm 줄바늘을 사용해서 첫 단: 겉뜨기하는데 동시에 단 전체에 고르게 분배해 7 (7) 3 (3) 3 (7) 7 (7)코 코늘림한다. 총 153 (169) 177 (193) 217 (241) 257 (281)코.

그다음에, 더블 트위스티드 루프 기법(니팅스쿨 164쪽의 동영상 링크 참고)으로 스틱 5코 만든다. 스틱 코는 또한 단의 시작과 끝을 표시하는 '표시링' 역할을 한다. (주의: 스틱 코는 카디건의 총 콧수에 포함되지 않으며, 스틱 코에서는 코늘림이나 코줄임을 하지 않는다.)

코가 꼬이지 않도록 조심하며 원통으로 잇는다.

겉뜨기로 1단 뜬다.

무늬도안을 참고해서 배색무늬를 뜨는데, 무늬도안 오른쪽에서 왼쪽으로 진행하며 다음과 같이 각 사이즈별로 1~13단을 뜬다: **XS:** 21~24번 코를 뜬다. 1~24번 코를 총 6회 반복한다. 1~5번 코를 뜬다. (**S:** 1~24번 코를 총 7회 반복한다. 1번 코를 뜬다.) **M:** 21~24번 코를 뜬다. 1~24번 코를 총 7회 반복한다. 1~5번 코를 뜬다. (**L:** 1~24번 코를 총 8회 반복한다. 1번 코를 뜬다.) **XL:** 1~24번 코를 총 9회 반복한다. 1번 코를 뜬다. (**2XL:** 1~24번 코를 총 10회 반복한다. 1번 코를 뜬다.) **3XL:** 17~24번 코를 뜬다. 1~24번 코를 총 10회 반복한다. 1~9번 코를 뜬다. (**4XL:** 17~24번 코를 뜬다. 1~24번 코를 총 11회 반복한다. 1~9번 코를 뜬다.)

색상1 실을 사용해서: 겉뜨기로 3단 뜬다.

주머니 준비하기

겉뜨기8 (8) 8 (12) 12 (16) 16 (20), *자투리실을 사용해서 다음 18코를 뜬다 (이후에 이 지점에서 주머니를 뜰 것이다). 그다음에 다시 돌아가 원래의 실을 사용해서 방금 뜬 18코를 1회 더 뜬다*. 26 (26) 26 (30) 30 (34) 34 (38)코 남을 때까지 겉뜨기한다. *~*를 1회 더 반복한다. 단 끝까지 겉뜨기한다.

몸판 편물이 33 (34) 35 (36) 37 (38) 39 (40)cm 혹은 원하는 길이가 될 때까지 겉뜨기한다. 몸판 코를 쉼코로 둔다.

소매

4.5mm 장갑바늘과 색상1 실을 사용해서: 40 (40) 40 (40) 40 (44) 44 (44)코 만든다.

원통으로 고무뜨기(겉뜨기2, 안뜨기2)로 5cm 작업한다.

이제부터 원통으로 메리야스뜨기(모든 단 겉뜨기)한다. 5mm 장갑바늘로 바꿔 겉뜨기하는데 단 전체에 고르게 분배해 8 (8) 8 (8) 8 (4) 4 (4)코 코늘림한다. 총 48 (48) 48 (48) 48 (48) 48 (48)코.

단 시작에 표시링을 걸고 겉뜨기로 1단 뜬다.

무늬도안을 참고해서 배색무늬 1~13단을 뜬다(1~24번 코가 2회 반복된다).

색상1 실을 사용해서: 겉뜨기로 2단 뜬다.

코늘림 단: *겉뜨기1, M1L 코늘림(기법 참고), 1코 남을 때까지 겉뜨기한다, M1R 코늘림(기법 참고), 겉뜨기1.

겉뜨기로 19 (13) 9 (7) 5 (3) 3 (3)단 뜬다.*

*~*를 총 2 (4) 6 (10) 14 (18) 21 (23)회 반복한다. 총 52 (56) 64 (68) 76 (84) 90 (94)코.

소매 편물이 44 (45) 47 (49) 51 (52) 52 (52)cm 혹은 원하는 길이가 될 때까지 겉뜨기한다.

다음 단: 4 (5) 5 (6) 7 (7) 8 (8)코 남을 때까지 겉뜨기한다. 다음 8 (10) 10

(12) 14 (14) 16 (16)코를 안전핀에 옮겨 쉼코로 둔다(=진동 코).

실을 자르고 소매의 남은 44 (46) 50 (56) 62 (70) 74 (78)코를 안전핀에 옮겨 쉼코로 둔다. 두 번째 소매도 동일한 방법으로 뜬다.

몸판과 소매 연결하기

계속해서 원통으로 메리야스뜨기(모든 단 겉뜨기)한다.

5mm 줄바늘과 색상1 실을 사용해서: 오른쪽 앞판 34 (37) 39 (42) 47 (53) 56 (62)코를 겉뜨기한다. 다음 8 (10) 10 (12) 14 (14) 16 (16)코를 안전핀에 쉼코로 둔다. 오른쪽 소매 44 (46) 50 (56) 62 (70) 74 (78)코를 겉뜨기한다. 뒤판 69 (75) 79 (85) 95 (107) 113 (125)코를 겉뜨기한다. 다음 8 (10) 10 (12) 14 (14) 16 (16)코를 안전핀에 쉼코로 둔다. 왼쪽 소매 44 (46) 50 (56) 62 (70) 74 (78)코를 겉뜨기한다. 왼쪽 앞판 34 (37) 39 (42) 47 (53) 56 (62)코를 겉뜨기한다. 바늘에 총 225 (241) 257 (281) 313 (353) 373 (405)코 있다.

겉뜨기로 1단 뜬다.

다음 단, **XS, S, M, 2XL:** 겉뜨기한다. **L, XL, 3XL, 4XL:** 고르게 분배해서 8 (8) 4 (4)코 코줄임한다. 바늘에 총 225 (241) 257 (273) 305 (353) 369 (401)코 있다.

요크

겉뜨기로 11 (12) 13 (14) 16 (17) 18 (19)단 뜬다.

코줄임 1단: 겉뜨기1, *겉뜨기6, 왼코줄임*, *~*을 단 끝까지 반복한다.

겉뜨기로 8단 뜬다.

코줄임 2단: 겉뜨기7, *왼코줄임, 겉뜨기12*, 8코 남을 때까지 *~*를 반복한다. 왼코줄임, 겉뜨기6.

겉뜨기로 11단 뜬다.

코줄임 3단: 겉뜨기2, *왼코줄임, 겉뜨기11*, 12코 남을 때까지 *~*을 반복한다. 왼코줄임, 겉뜨기10.

겉뜨기로 2단 뜬다.

코줄임 4단: 겉뜨기3, *왼코줄임, 겉뜨기4*, 4코 남을 때까지 *~*를 반복한다. 왼코줄임, 겉뜨기2.

겉뜨기로 5단 뜬다.

코줄임 5단: 겉뜨기3, *왼코줄임, 겉뜨기3*, 3코 남을 때까지 *~*을 반복한다. 왼코줄임, 겉뜨기1.

겉뜨기로 2단 뜬다.

코줄임 6단: 겉뜨기2, *왼코줄임, 겉뜨기2*, 3코 남을 때까지 *~*를 반복한다. 왼코줄임, 겉뜨기1. 바늘에 총 85 (91) 97 (103) 115 (133) 139 (151)코 남아 있다.

뒷목 되돌아뜨기

162쪽의 되돌아뜨기와 랩앤턴에 대해 읽는다. 이제 앞뒤로 뒤집어가며 겉뜨기와 안뜨기로 되돌아뜨기 단을 뜨면서 메리야스뜨기할 것이다: 겉뜨기56 (60) 64 (68) 76 (88) 92 (100), 랩앤턴. 안뜨기28 (30) 32 (34) 38 (44) 46 (50), 랩앤턴. *마지막 되돌아뜨기 4코 전까지 겉뜨기한다. 랩앤턴. 마지막 되돌아뜨기 4코 전까지 안뜨기한다. 랩앤턴*.

*~*을 총 2 (2) 3 (3) 4 (4) 5 (5)회 반복한다. 그다음에 단 끝까지 겉뜨기하는데 동시에 니팅스쿨의 설명을 참고해서 되돌아뜨기 코를 만나면 정리한다. 겉뜨기로 1단 작업하면서 남은 되돌아뜨기 코가 있으면 정리한다.

넥밴드

다음 단 전체에 고르게 분배해 3 (1) 3 (1) 1 (11) 13 (21)코 코줄임한다. 총 82 (90) 94 (102) 114 (122) 126 (130)코.

4.5mm 줄바늘로 바꿔 앞판 가운데 스틱 5코를 코막음한다.

편물을 앞뒤로 뒤집어가며 고무뜨기한다:

1단(겉면): *겉뜨기2, 안뜨기2*, 2코 남을 때까지 *~*를 반복한다. 겉뜨기2.

2단(안면): *안뜨기2, 겉뜨기2*, 2코 남을 때까지 *~*를 반복한다. 안뜨기2.

고무뜨기단이 4cm가 될 때까지 1~2단을 반복한다. 안면 단으로 마무리한다.

코줄임 단: *겉뜨기2, 안뜨기2코모아뜨기*, 2코 남을 때까지 *~*를 반복한

다, 겉뜨기2. 총 62 (68) 71 (77) 86 (92) 95 (98)코. 고무뜨기하면서 느슨하게 코막음한다.

소매와 몸판 진동 연결하기

4.5mm 장갑바늘을 사용해서: 소매와 몸판 진동 아래쪽 코를 바늘 3개를 이용한 코막음 기법(니팅스쿨 164쪽 참고)으로 연결한다. 실끝을 정리한다.

단추여밈단

왼쪽 단추여밈단

4.5mm 줄바늘과 색상1 실을 사용해서(겉면): 위쪽에서 시작해서 왼쪽 앞판 가장자리를 따라 코줍기한다. 가장자리를 유연하게 만들기 위해, 앞판 가장자리의 3단에 2코 줍는다(*2코 줍는다, 3번째 코는 건너뛴다*, *~*를 반복한다). 반드시 4의 배수에 2를 더한 콧수를 줍는다.

이제 고무뜨기로 작업한다:

1단(안면): *안뜨기2, 겉뜨기2*, 2코 남을 때까지 *~*를 반복한다, 안뜨기2.

2단(겉면): *겉뜨기2, 안뜨기2*, 2코 남을 때까지 *~*를 반복한다, 겉뜨기2.

3단(안면): *안뜨기2, 겉뜨기2*, 2코 남을 때까지 *~*를 반복한다, 안뜨기2.

2~3단을 총 4회 반복한다(총 9단).

고무뜨기하면서 코막음한다.

오른쪽 단추여밈단

4.5mm 줄바늘과 색상1 실을 사용해서(겉면): 아래쪽에서 시작해서 오른쪽 앞판 가장자리를 따라 코줍기한다. 반드시 왼쪽과 동일한 콧수를 줍는다. 단 전체에 고르게 분배해 바늘에 11개의 단춧구멍을 표시하는 표시링을 건다. (각 단춧구멍은 2코에 걸쳐 만든다.)

왼쪽 단추여밈단의 설명을 참고해서 3단까지 고무뜨기로 작업한다.

4단(단춧구멍 1단, 겉면): 첫 단춧구멍까지 고무뜨기로 작업한다. 그다음에 다음과 같이 작업한다: *2코 코막음한다, 계속해서 다음 단춧구멍까지 앞에서 해온 방식대로 고무뜨기한다*. 모든 단춧구멍을 완성할 때까지 *~*를 반복한다, 단 끝까지 고무뜨기로 작업한다.

5단(단춧구멍 2단, 안면): 첫 단춧구멍까지 고무뜨기로 작업한다. 다음과 같이 마무리한다: *더블 트위스티드 루프 기법으로 2코 만든다, 계속해서 다음 단춧구멍까지 고무뜨기한다*. 모든 단춧구멍을 마무리할 때까지 *~*를 반복한다, 단 끝까지 고무뜨기로 작업한다.

고무뜨기로 4단 더 작업하고 고무뜨기하면서 코막음한다.

주머니(2개를 동일하게 뜬다)

2세트의 4.5mm 장갑바늘을 사용해서, 자투리실로 뜬 코의 위와 아래에서 코줍기한다.

조심해서 자투리실을 제거한다.

색상1 실을 사용해서: 아래쪽 18코를 앞뒤로 뒤집어가며 고무뜨기한다:

1단(겉면): 겉뜨기한다.

2단(안면): 안뜨기2, *겉뜨기2, 안뜨기2*, *~*를 단 끝까지 반복한다.

3단: 겉뜨기2, *안뜨기2, 겉뜨기2*, *~*를 단 끝까지 반복한다.

4단: 안뜨기2, *겉뜨기2, 안뜨기2*, *~*를 단 끝까지 반복한다. 고무뜨기단이 3cm가 될 때까지 3~4단을 반복한다.

안면 단으로 마무리한다. 겉면에서 고무뜨기하면서 코막음한다. 5mm 장갑바늘과 색상1 실을 사용해서 위쪽 18코로 주머니 안감을 뜬다: 앞뒤로 뒤집어가며 메리야스뜨기(*겉뜨기로 1단, 안뜨기로 1단*)한다, 주머니 안감이 7cm가 될 때까지 *~*를 반복한다. 안면 단으로 마무리하고 코막음한다.

주머니 안감을 측면 가장자리와 아래쪽을 따라 조심해서 적당한 위치에 꿰맨다. 주의: 편물의 겉면에서 코가 보이는 걸 막기 위해 색상1 실을 사용한다. 그다음에 색상1 실을 사용해서 주머니 고무뜨기단의 측면 가장자리를 겉면에 잇는다. 메리야스잇기 기법을 추천한다. 두 번째 주머니도 동일한 과정을 반복한다.

스틱 자르기

니팅스쿨 160쪽을 참고한다. 가운데 스틱 코 양쪽을 재봉실을 써서 손바느질로 박음질해 솔기를 강화한다. 조심스럽게 가운데 스틱 코의 중심을 잘라 카디건의 트임을 만든다. (잘린 가장자리는 안면으로 말릴 것이다.)

마무리

실끝을 정리한다. 니팅스쿨 161쪽 지시사항을 참고해 카디건을 조심스럽게 블로킹한다. 잘린 가장자리는 장식 밴드를 꿰매 안면에 숨기거나 가장자리를 접어서 안면에 보이지 않게 꿰맨다 (니팅스쿨 160~161쪽 참고).

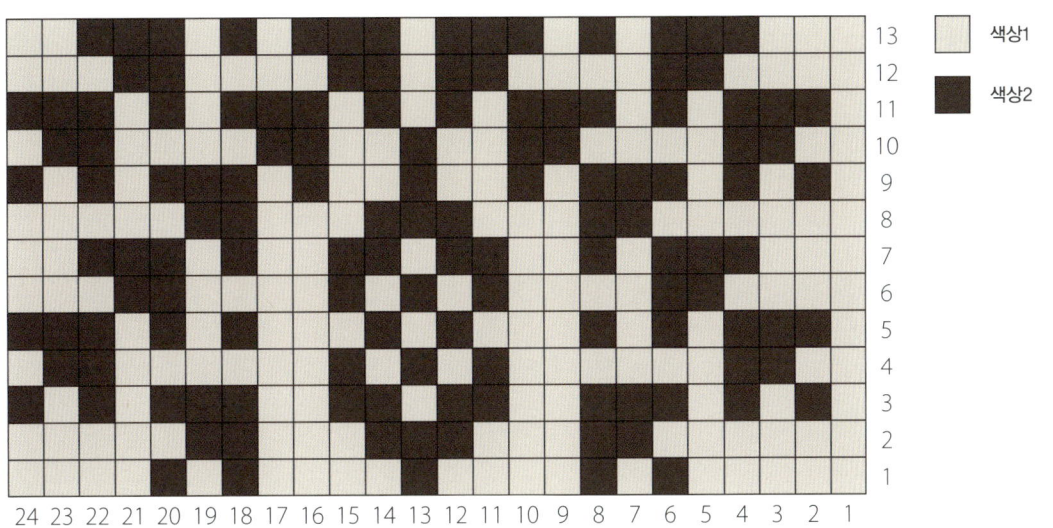

13
12
11
10
9
8
7
6
5
4
3
2
1

24 23 22 21 20 19 18 17 16 15 14 13 12 11 10 9 8 7 6 5 4 3 2 1

색상1

색상2

순드보른Sundborn

순드보른에는 화가 칼 라르손과 아내 카린 라르손이 살던 특별한 예술가의 집인 릴라 휘트네스Lilla Hyttnäs(작은 용광로)가 있습니다. 그곳의 방에서 시간을 보내며 색과 무늬를 연구하는 일은 저에게 아주 많은 영감을 주었습니다. 카린의 직물 작품은 바늘과 실을 사용하여 표현할 수 있는 것에 대해 끊임없이 새로운 관점을 제시합니다.

순드보른 카디건은 카린의 흉내 낼 수 없는 대담한 색상 조합에서 영감을 받아 전에는 생각지도 못한 색상을 선택했습니다. 여러분도 요크 무늬의 새롭고 흥미로운 색상 조합에 도전해보세요.

실: 이스텍스의 레틀로피(아이슬란드 울 100%, 50g=100m), 라우마 울바레파브리크의 반드레(노르웨이 울 100%, 50g=120m)

게이지: 5mm(US 8) 바늘로 메리야스뜨기 10×10cm=18코×24단

사이즈: XS (S) M (L) XL (2XL) 3XL (4XL)

가슴둘레: 85 (94) 98 (107) 120 (134) 143 (156)cm

총길이: 55 (55.5) 59 (60) 63 (64.5) 66.5 (68)cm

소매 길이: 44 (45) 47 (49) 51 (52) 52 (52)cm

실 소요량:

색상1 레틀로피, 블랙 헤더Black Heather(no. 10005): 350 (400) 450 (500) (500) 550 (600) (600)g

색상2 레틀로피, 골든 헤더Golden Heather(no. 19426): 100 (100) 100 (100) 100 (100) 100 (100)g

색상3 반드레, 스코그스베르Skogsbær(no. 14123): 50 (50) 50 (50) 50 (50) 50 (50)g

장갑바늘: 4.5mm(US 7)·5mm(US 8)

줄바늘: 4.5mm(US 7)·5mm(US 8) 80cm 길이

부자재: 원하는 단추 간격에 따라 단추(지름 18mm) 5개 혹은 9개, 안전핀, 장식 밴드(선택사항)

난이도: 상

구조: 몸판과 소매는 각각 아래에서 위로 원통뜨기한 후 하나의 줄바늘에 모두 옮겨 연결합니다. 그다음에 요크는 코줄임하고, 되돌아뜨기로 뒷목을 뜬 다음, 넥밴드를 뜹니다. 마지막으로 단추여밈단을 뜬 후 앞판 스틱을 잘라 카디건의 트임을 만듭니다(니팅스쿨 160쪽 참고). 주의: 밑단과 넥밴드의 고무뜨기단은 앞뒤로 뒤집어가며 뜹니다.

기법:

M1L 코늘림=왼쪽으로 기울어지게 1코 코늘림한다. 163쪽 니팅스쿨 참고.

M1R 코늘림=오른쪽으로 기울어지게 1코 코늘림한다. 163쪽 니팅스쿨 참고.

몸판

4.5mm 줄바늘과 색상1 실을 사용해서: 146 (162) 174 (190) 214 (234) 250 (274)코 만든다.

앞뒤로 뒤집어가며 고무뜨기한다:

1단(안면): *안뜨기2, 겉뜨기2*, 2코 남을 때까지 *~*를 반복한다, 안뜨기2.

2단(겉면): *겉뜨기2, 안뜨기2*, 2코 남을 때까지 *~*를 반복한다, 겉뜨기2.

3단(안면): *안뜨기2, 겉뜨기2*, 2코 남을 때까지 *~*를 반복한다, 안뜨기2.

고무뜨기단이 5cm가 될 때까지 2~3단을 반복한다. 주의: 안면 단에서 고무뜨기를 마무리한다.

이제부터 몸판은 원통으로 메리야스뜨기(모든 단 겉뜨기)한다.

5mm 줄바늘을 사용해서: 겉뜨기하는데 동시에 단 전체에 고르게 분배해 7 (7) 3 (3) 3 (7) 7 (7)코 코늘림한다. 총 153 (169) 177 (193) 217 (241) 257 (281)코.
더블 트위스티드 루프 기법(니팅스쿨 164쪽의 동영상 링크 참고)으로 스틱 5코 만든다. 스틱 코는 또한 단의 시작과 끝을 표시하는 '표시링' 역할을 한다. (주의: 스틱 코는 카디건의 총 콧수에 포함되지 않으며, 스틱 코에서는 코늘림이나 코줄임을 하지 않는다.)

코가 꼬이지 않도록 조심하며 원통으로 잇는다.

계속해서 몸판 편물이 25 (26) 27 (28) 29 (30) 31 (32)cm 혹은 원하는 길이가 될 때까지 메리야스뜨기(모든 단 겉뜨기)한다. 쉼코로 둔다.

소매

4.5mm 장갑바늘과 색상2 실을 사용해서: 40 (40) 40 (40) 40 (44) 44 (44)코 만든다.

원통으로 고무뜨기(겉뜨기2, 안뜨기2)로 5cm 작업한다.

5mm 장갑바늘로 바꿔서: 계속해서 메리야스뜨기(모든 단 겉뜨기)하는데, 동시에 단 전체에 고르게 분배해 8 (8) 8 (8) 8 (4) 4 (4)코 코늘림한다. 총 48 (48) 48 (48) 48 (48) 48 (48)코.

겉뜨기로 1단 더 뜬다. 표시링을 걸어 단 시작을 표시한다.

무늬도안A를 참고해서 배색무늬 1~14단을 뜬다(1~6번 코가 총 8회 반복된다).

색상1 실을 사용해서: 겉뜨기로 2단 뜬다.

코늘림 단: *겉뜨기1, M1L 코늘림(기법 참고), 1코 남을 때까지 원통으로 겉뜨기한다, M1R 코늘림(기법 참고), 겉뜨기1.
코늘림 없이 겉뜨기로 19 (13) 9 (7) 5 (3) 3 (2)단 뜬다.*

*~*를 총 2 (4) 6 (10) 14 (18) 21 (23)회 반복한다. 총 52 (56) 60 (68) 76 (84) 90 (94)코.

소매 편물이 44 (45) 47 (49) 51 (52) 52 (52)cm 혹은 원하는 길이가 될 때까지 겉뜨기한다.

다음 단: 4 (5) 5 (6) 7 (7) 8 (8)코 남을 때까지 겉뜨기한다. 다음 8 (10) 10 (12) 14 (14) 16 (16)코를 안전핀에 옮겨 쉼코로 둔다(=진동 코).

실을 자르고 소매의 남은 44 (46) 50 (56) 62 (70) 74 (78)코를 안전핀에 옮겨 쉼코로 둔다. 두 번째 소매도 동일한 방법으로 뜬다.

몸판과 소매 연결하기

계속해서 원통으로 메리야스뜨기(모든 단 겉뜨기)한다.

5mm 줄바늘과 색상1 실을 사용해서: 오른쪽 앞판 34 (37) 39 (42) 47 (53) 56 (62)코 겉뜨기한다. 다음 8 (10) 10 (12) 14 (14) 16 (16)코를 안전핀에 옮겨 쉼코로 둔다. 오른쪽 소매 44 (46) 50 (56) 62 (70) 74 (78)코를 겉뜨기한다. 뒤판 69 (75) 79 (85) 95 (107) 113 (125)코를 겉뜨기한다. 다음 8 (10) 10 (12) 14 (14) 16 (16)코를 안전핀에 옮겨 쉼코로 둔다. 왼쪽 소매 44 (46) 50 (56) 62 (70) 74 (78)코를 겉뜨기한다. 왼쪽 앞판 34 (37) 39 (42) 47 (53) 56 (62)코를 겉뜨기한다. 총 225 (241) 257 (281) 313 (353) 373 (405)코.

겉뜨기로 1단 작업한다.

다음 단, XS, S, M, 2XL만 해당: 겉뜨기한다. L, XL, 3XL, 4XL만 해당: 고르게 분배해서 8 (8) 4 (4)코 코줄임한다. 바늘에 총 225 (241) 257 (273) 305 (353) 369 (401)코 있다.

요크

겉뜨기로 5단 뜬다.

무늬도안B1에 지시된 대로 코줄임하며 1~46단을 작업한다. 다음과 같이 사이즈별로 뜬다(사이즈에 따라 각 단은 무늬도안B2 혹은 무늬도안B3으로 끝난다).

XS, M, 2XL만 해당: (1~32)번 코를 6 (7) 10회 반복한다. 1~30번 코를 뜨고, 무늬도안B2의 1~3번 코로 끝낸다.

S, L, XL, 3XL, 4XL만 해당: 25~32번 코를 뜬다. (1~32)번 코를 (7) (8) 9 11 (12)회 반복한다. 1~6번 코를 뜨고, 무늬도안B3의 1~3번 코로 끝낸다. 총 85 (91) 97 (103) 115 (133) 139 (151)코.

뒷목 되돌아뜨기

162쪽의 되돌아뜨기와 랩앤턴에 대해 읽는다. 이제 앞뒤로 뒤집어가며 겉뜨기와 안뜨기로 되돌아뜨기 단을 뜨면서 메리야스뜨기할 것이다: 겉뜨기56 (60) 64 (68) 76 (88) 92 (100), 랩앤턴. 안뜨기28 (30) 32 (34) 38 (44) 46 (50), 랩앤턴. *마지막 되돌아뜨기 4코 전까지 겉뜨기한다, 랩앤턴. 마지막 되돌아뜨기 4코 전까지 안뜨기한다, 랩앤턴*.

*~*을 총 2 (2) 3 (3) 4 (4) 5 (5)회 반복한다. 그다음에 단 끝까지 겉뜨기하는데 동시에 니팅스쿨의 설명을 참고해서 되돌아뜨기 코를 만나면 정리한다. 겉뜨기로 1단 더 뜨면서 남은 되돌아뜨기 코가 있으면 정리한다.

넥밴드

겉뜨기로 1단 뜨는데 동시에 단 전체에 고르게 분배해 3 (1) 3 (1) 1 (11) 13 (21)코 코줄임한다. 총 82 (90) 94 (102) 114 (122) 126 (130)코.

4.5mm 줄바늘로 바꿔 앞판에서 스틱 5코 코막음한다.

편물을 앞뒤로 뒤집어가며 고무뜨기한다:

1단(겉면): *겉뜨기2, 안뜨기2*, 2코 남을 때까지 *~*를 반복한다, 겉뜨기2.

2단(안면): *안뜨기2, 겉뜨기2*, 2코 남을 때까지 *~*를 반복한다, 안뜨기2.
고무뜨기단이 4cm가 될 때까지 1~2단을 반복한다. 안면 단으로 마무리한다.

코줄임 단: *겉뜨기2, 안뜨기2코모아뜨기*, 2코 남을 때까지 *~*를 반복한다, 겉뜨기2. 총 62 (68) 71 (77) 86 (92) 95 (98)코. 고무뜨기하면서 느슨하게 코막음한다.

소매와 몸판 진동 연결하기

4.5mm 장갑바늘을 사용해서: 소매와 몸판 진동 아래쪽 코를 바늘 3개를 이용한 코막음 기법(니팅스쿨 164쪽 참고)으로 연결한다. 실끝을 정리한다.

단추여밈단
왼쪽 단추여밈단

4.5mm 줄바늘과 색상2 실을 사용해서(겉면): 위쪽에서 시작해서 왼쪽 앞판 가장자리를 따라 코줍기한다. 가장자리를 유연하게 만들기 위해, 앞판 가장자리의 3단에 2코 줍는다(*2코 줍는다, 3번째 코는 건너뛴다*, *~*를 반복한다). 반드시 4의 배수에 2를 더한 콧수를 줍는다.

이제 고무뜨기로 작업한다:

1단(안면): *안뜨기2, 겉뜨기2*, 2코 남을 때까지 *~*를 반복한다, 안뜨기2.

2단(겉면): *겉뜨기2, 안뜨기2*, 2코 남을 때까지 *~*를 반복한다, 겉뜨기2.

3단(안면): *안뜨기2, 겉뜨기2*, 2코 남을 때까지 *~*를 반복한다, 안뜨기2.
2~3단을 총 4회 반복한다(총 9단). 고무뜨기하면서 코막음한다.

오른쪽 단추여밈단

4.5mm 줄바늘과 색상2 실을 사용해서(겉면): 아래쪽에서 시작해서 오른쪽 앞판 가장자리를 따라 코줍기한다. 반드시 왼쪽과 동일한 콧수를 줍는다. 단 전체에 고르게 분배해 바늘에 5개 혹은 9개의 단춧구멍을 표시하는 표시링을 건다. (각 단춧구멍은 2코에 걸쳐 만든다.)

왼쪽 단추여밈단의 설명을 참고해서 3단까지 고무뜨기로 작업한다.

4단(단춧구멍 1단, 겉면): 첫 단춧구멍까지 다음과 같이 고무뜨기로 작업한다: *2코 코막음한다, 계속해서 다음 단춧구멍까지 앞에서 해온 방식대로 고무뜨기한다*. 모든 단춧구멍을 완성할 때까지 *~*를 반복한다. 그 후에 단 끝까지 고무뜨기로 작업한다.

5단(단춧구멍 2단, 안면): 첫 단춧구멍까지 고무뜨기로 작업하고 다음과 같이 마무리한다: *더블 트위스티드 루프 기법으로 2코 만든다. 계속해서 다음 단춧구멍까지 고무뜨기한다*. 모든 단춧구멍을 마무리할 때까지 *~*를 반복한다. 단 끝까지 고무뜨기로 작업한다.

고무뜨기로 4단 더 작업하고 고무뜨기하면서 코막음한다.

스틱 자르기

니팅스쿨 160쪽을 참고한다. 가운데 스틱 코 양쪽을 재봉실을 써서 손바느질로 박음질해 솔기를 강화한다. 조심스럽게 가운데 스틱 코의 중심을 잘라 카디건의 트임을 만든다. (잘린 가장자리는 안면으로 말릴 것이다.)

마무리

실끝을 정리한다. 니팅스쿨 161쪽 지시사항을 참고해 카디건을 조심스럽게 블로킹한다. 단춧구멍의 위치에 맞춰 반대편에 단추를 단다. 잘린 가장자리는 장식 밴드를 꿰매 안면에 숨기거나 가장자리를 접어서 안면에 보이지 않게 꿰맨다(니팅스쿨 160~161쪽 참고).

무늬도안A

무늬도안B1

무늬도안B2

무늬도안B3

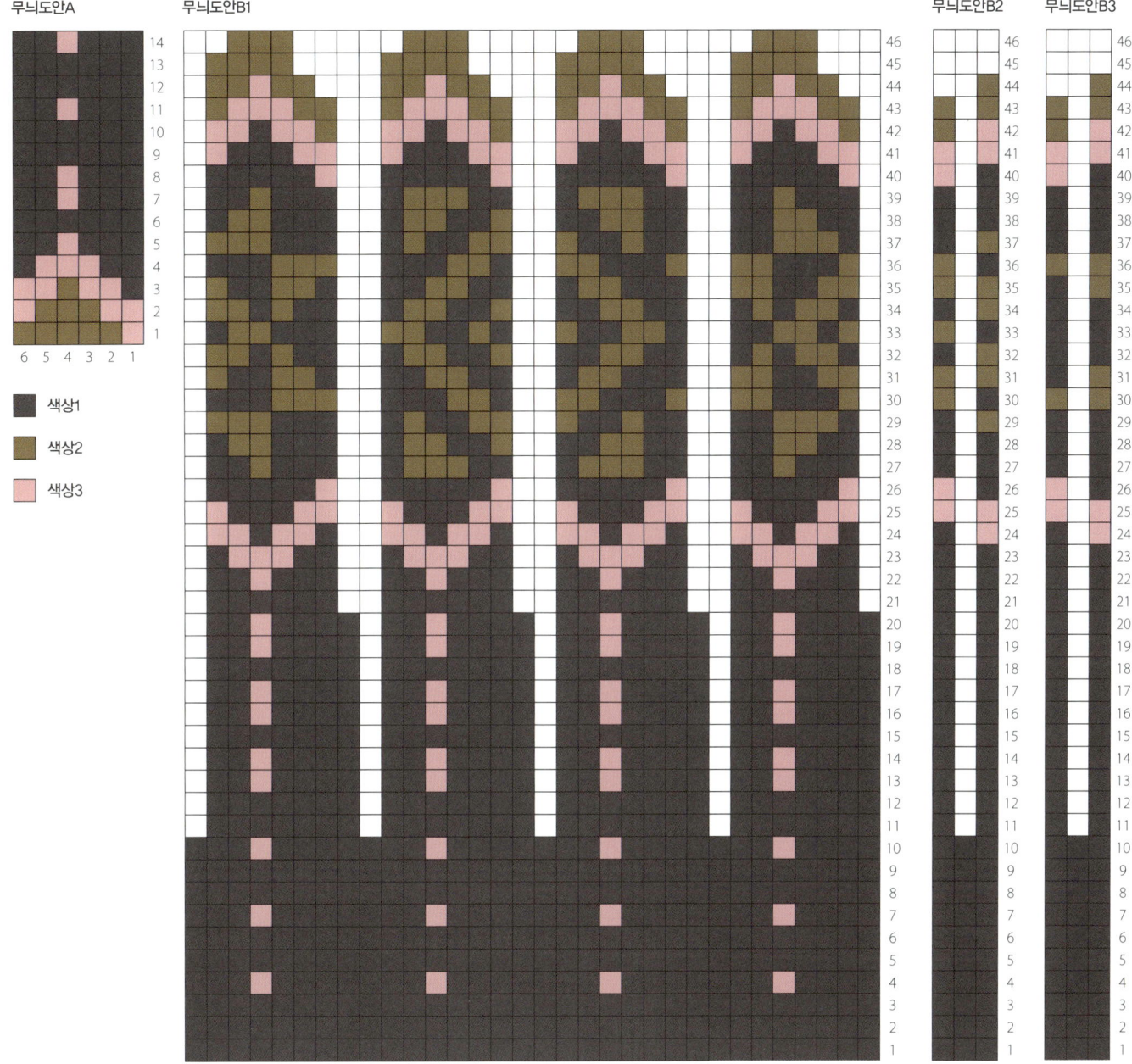

■ 색상1

■ 색상2

■ 색상3

노블Novel

책 속에 자유가 있다In libris libertas. 현명한 말이
죠, 동의하시나요?

전 세계가 책 한 권 안에 담길 수 있습니다.
책을 통해 우리는 시간과 공간을 자유롭게 이
동하며, 이전에 경험하지 못한 것을 경험하고
느껴보지 못한 것을 느낄 수 있습니다. 특히
소설에서는 날개를 펴고 새로운 관점을 발견
하며 인생에 대해 더 많은 것을 배울 수 있는
데, 저는 이 카디건에서 이를 기념하고 싶었습
니다.

노블은 완벽한 독서용 카디건입니다. 좋아하
는 책과 따뜻한 차 한 잔을 들고 안락의자에
깊숙이 파묻히고 싶은 가을날에 입기 좋은
카디건입니다. 클래식한 트위드 실은 생동감
있는 질감을 주고, 유행을 타지 않는 매력이
있어서 시간이 흐르면 더욱 아름다워집니다.
마치 좋은 소설처럼요!

실: 예르보의 셀렉트 넘버원(도니골 모헤어 트위드 안, 메리노 70%, 모헤어 30%, 50g=110m)

게이지: 4.5mm(US 7) 바늘로 메리야스뜨기 10×10cm=18코×27단

사이즈: XS (S) M (L) XL (2XL) 3XL (4XL)

가슴둘레: 90 (98) 106 (114) 122 (130) 138 (146)cm

총길이: 42 (44) 46 (48) 50 (52) 54 (56)cm

소매 길이: 44 (45) 45 (46) 46 (47) 47 (48)cm

실 소요량: 브램베리 잼Brambleberry Jam(no. 22314): 350 (350) 350 (400) 400 (450) 450 (500)g

줄바늘: 4mm(US 6)·4.5mm(US 7) 80cm 길이

장갑바늘: 4mm(US 6)·4.5mm(US 7)

부자재: 단추(지름 약 20mm) 5개, 표시링 4개, 안전핀

난이도: 중

구조: 이 카디건은 편물을 앞뒤로 뒤집어가며 위에서 아래로 내려가며 뜹니다. 가터뜨기와 아이코드로 뜨는 단추여밈단은 몸판을 뜨면서 함께 만들어집니다.

기법:

주의: 단추여밈단은 편물의 양쪽 가장자리 각 9코에 걸쳐 만든다.

단추여밈단(겉면)=실을 편물 뒤에 두고 안뜨기하듯이 처음 2코를 걸러뜨기한다. 겉뜨기5. 실을 편물 뒤에 두고 안뜨기하듯이 1코 걸러뜨기한다, 안뜨기1. 9코 남았을 때: 안뜨기1, 안뜨기하듯이 1코 걸러뜨기한다, 겉뜨기5, 겉뜨기2.

단추여밈단(안면)=실을 편물 앞에 두고 안뜨기하듯이 처음 2코를 걸러뜨기한다, 겉뜨기5, 안뜨기1, 겉뜨기1. 9코 남았을 때: 겉뜨기1, 안뜨기1, 겉뜨기5, 안뜨기2.

단춧구멍 1단(겉면)=실을 편물 뒤에 두고 안뜨기하듯이 처음 2코를 걸러뜨기한다, 겉뜨기5. 실을 편물 뒤에 두고 안뜨기하듯이 1코 걸러뜨기한다, 안뜨기1, 9코 남을 때까지 겉뜨기한다, 안뜨기1. 실을 편물 뒤에 두고 안뜨기하듯이 1코 걸러뜨기한다, 겉뜨기1, 왼코 줄임, 바늘비우기, 겉뜨기4.

단춧구멍 2단(안면)=실을 편물 앞에 두고 안뜨기하듯이 처음 2코를 걸러뜨기한다, 겉뜨기5, 안뜨기1, 겉뜨기1, 9코 남을 때까지 안뜨기한다, 겉뜨기1, 안뜨기1, 겉뜨기5, 겉뜨기2.

표시링 옮긴다=표시링을 왼손 바늘에서 오른손 바늘로 옮긴다. 니팅스쿨 163쪽 참고.

요크

고무뜨기 넥밴드

4mm 줄바늘을 사용해서: 107 (111) 111 (113) 113 (115) 115 (117)코 만든다.

1단(안면): 안뜨기2, 겉뜨기5, *안뜨기1, 겉뜨기1*. *~*을 8코 남을 때까지 반복한다, 안뜨기1, 겉뜨기5, 안뜨기2.

2단(겉면): 단추여밈단 9코 뜬다(기법 참고), 겉뜨기1, *안뜨기1, 겉뜨기1*. *~*을 9코 남을 때까지 반복한다, 단추여밈단 뜬다.

3단(안면): 단추여밈단 9코 뜬다, 안뜨기1, *겉뜨기1, 안뜨기1*. *~*을 9코 남을 때까지 반복한다, 단추여밈단 뜬다.

요크 편물이 2.5cm가 될 때까지 2~3단을 반복한다. 주의: 안면 단으로 마무리한다.

단춧구멍 1~2단을 작업해서 단춧구멍을 만든다(기법 참고). 단춧구멍 2단에서, 다음과 같이 래글런 코늘림 표시링을 건다(니팅스쿨 163쪽의 표시링에 관해 읽는다): 24 (25) 25 (26) 26 (27) 27 (28)코 다음에 래글런 표시링D 건다. 12 (12) 12 (11) 11 (10) 10 (9)코 다음에 표시링C 건다. 35 (37) 37 (39) 39 (41) 41 (43)코 다음에 표시링B 건다. 12 (12) 12 (11) 11 (10) 10 (9)코 다음에 표시링A 건다. 주의: 9 (9.5) 10 (10.5) 11 (11.5) 12 (12.5)cm마다 4개의 단춧구멍을 더 만든다.

래글런 코늘림과 되돌아뜨기

주의: 진행하면서 되돌아뜨기 코를 만나면 정리한다. 자세한 내용은 162쪽의 되돌아뜨기에 대한 설명을 참고한다.

되돌아뜨기 1단(겉면): 4.5mm 줄바늘로 바꿔 단추여밈단 9코 뜬다. *래글런 표시링A 1코 전까지 겉뜨기한다, M1R 코늘림(니팅스쿨 163쪽 참고), 겉뜨기1, 표시링A 옮긴다(기법 참고), 겉뜨기1, M1L 코늘림(니팅스쿨 163쪽 참고)*. *~*를 3회 더 반복한다, 랩앤턴. 8코 늘어남.

되돌아뜨기 2단(안면): 래글런 표시링A까지 안뜨기한다, 안뜨기3, 랩앤턴.

되돌아뜨기 3단: 1단과 동일하게 래글런 코늘림한다. 전 단의 되돌아뜨기한 곳까지 겉뜨기한다. 겉뜨기로 3코 더 뜬다. 랩앤턴.

되돌아뜨기 4단: 전 단의 되돌아뜨기한 곳까지 안뜨기한다. 안뜨기로 3코 더 뜬다. 랩앤턴.

3~4단을 1 (1) 1 (2) 2 (2) 3 (3)회 더 반복한다.

마지막 되돌아뜨기: 단 끝까지 래글런 코늘림하면서 겉뜨기한다. 단 끝에서 단추여밈단 9코 뜬다.

계속해서 메리야스뜨기(겉면에서 겉뜨기, 안면에서 안뜨기)하는데, 바늘에 총 299 (327) 343 (353) 369 (387) 403 (421)코 있을 때까지 모든 겉뜨기 단에서 래글런 코늘림하고, 앞에서 해온 방식대로 단추여밈단을 뜬다. 안면 단으로 마무리한다.

몸판과 소매 분리

다음 단(겉면): 단추여밈단 9코 뜬다, 표시링A까지 겉뜨기48 (52) 54 (56) 58 (61) 63 (66), 표시링 제거하고 다음 소매 60 (66) 70 (71) 75 (78) 82 (85)코를 안전핀에 옮겨 쉼코로 둔다. 표시링B 제거한다. 더블 트위스티드 루프 기법(니팅스쿨 164쪽의 동영상 링크 참고)으로 진동에 0 (0) 4 (8) 12 (14) 18 (20)코 만든다. 겉뜨기83 (91) 95 (99) 103 (109) 113 (119), 표시링C 제거한다. 다음 소매 60 (66) 70 (71) 75 (78) 82 (85)코를 안전핀에 옮겨 쉼코로 둔다. 표시링D 제거한다. 더블 트위스티드 루프 기법으로 진동에 0 (0) 4 (8) 12 (14) 18 (20)코 만든다, 9코 남을 때까지 39 (43) 45 (47) 49 (52) 54 (57)코 겉뜨기한다. 단추여밈단 뜬다. 이제 바늘에 몸판 총 179 (195) 211 (227) 243 (259) 275 (291)코 있어야 한다.

몸판

몸판이 진동에서 22 (23) 24 (25) 26 (27) 28 (29)cm가 될 때까지 계속해서 메리야스뜨기하는데, 앞에서 해온 방식대로 단추여밈단을 뜨고 단춧구멍을 만든다. 안면 단으로 마무리한다.

고무뜨기 밑단

4mm 줄바늘로 바꾼다.

1단(겉면): 단추여밈단 9코 뜬다, 겉뜨기1, *안뜨기1, 겉뜨기1*, *~*을 9코 남을 때까지 반복한다, 단추여밈단 뜬다.

2단(안면): 단추여밈단 9코 뜬다, 안뜨기1, *겉뜨기1, 안뜨기1*, *~*을 9코 남을 때까지 반복한다, 단추여밈단 뜬다.

고무뜨기단이 3cm가 될 때까지 1~2단을 반복하는데, 안면 단으로 마무리 한다. 단추여밈단은 겉뜨기하면서 코막음하고 나머지 코는 고무뜨기하면서 코막음한다.

소매

4.5mm 장갑바늘을 사용해서: 소매 60 (66) 70 (71) 75 (78) 82 (85)코를 장갑바늘에 나눈다. 진동 중심 왼쪽에서 0 (0) 2 (3) 5 (7) 9 (10)코 주워 장갑바늘에 올린다, 소매 60 (66) 70 (71) 75 (78) 82 (85)코를 겉뜨기한다. 진동 중심 오른쪽에서 0 (0) 2 (3) 5 (7) 9 (10)코 더 줍는다. 총 60 (66) 74 (77) 85 (92) 100 (105)코. 표시링을 걸어 단 시작을 표시하고 원통으로 메리야스뜨기 (모든 단 겉뜨기)한다.

소매 편물이 진동에서 1cm가 될 때까지 겉뜨기한다.

코줄임 단: 겉뜨기1, 1코 걸러뜨기, 겉뜨기1, 걸러뜨기한 코를 겉뜨기한 코 위로 덮어씌운다. 3코 남을 때까지 겉뜨기한다, 왼코줄임, 겉뜨기1.

이 코줄임을 이후의 4.5 (4) 4 (3.5) 3 (2.5) 2.5 (2)cm마다 6 (7) 8 (9) 11 (12) 13 (15)회 반복한다. 총 46 (50) 56 (57) 63 (66) 72 (73)코.

소매 편물이 진동에서 36 (37) 37 (38) 38 (39) 39 (40)cm가 될 때까지 겉뜨기한다.

마지막 단에서 단 전체에 고르게 분배해 6 (10) 14 (13) 17 (20) 26 (25)코 코줄임한다. 총 40 (40) 42 (44) 44 (46) 46 (48)코.

4mm 장갑바늘로 바꿔 고무뜨기(겉뜨기1, 안뜨기1)로 8cm 뜬다. 고무뜨기하면서 느슨하게 코막음한다

두 번째 소매도 동일한 방법으로 뜬다.

마무리

실끝을 정리한다. 니팅스쿨 161쪽 지시사항을 참고해 카디건을 조심스럽게 블로킹한다. 단춧구멍의 위치에 맞춰 반대편에 단추를 단다.

레거시Legacy

가을

레거시 카디건은 저에게 큰 의미가 있습니다. 할아버지가 자란 노르웨이의 뤼칸에서 집으로 가져온 카디건을 제 버전으로 만들었기 때문이죠. 오리지널 카디건은 가족 중 여럿이 즐겨 입었고 아꼈습니다. 처음에는 아버지가, 그다음에는 제가 물려받았어요. 아마도 1940년대에 만들어진 것 같지만, 세월의 흔적이 있긴 해도 좋은 상태를 유지하고 있습니다.

이 카디건을 직접 뜬 것은 제가 처음이 아닙니다. 아버지의 말씀에 따르면 할머니도 부드러운 녹색으로 이 카디건을 만드셨다고 해요. 저도 그 유산을 이어가기 위해 가능한 한 빨리 똑같이 만들고 싶어요!

수년 동안 저는 뜨개에 관심 있는 사람들에게 이 카디건 도안에 대한 질문을 자주 받았어요. 이제 드디어 이 아름다운 카디건이 새로운 생명을 얻을 수 있도록 재구성했습니다. 구조는 원본과 동일합니다. 카디건은 노르웨이 방식으로 원통으로 뜨고 앞판과 진동의 스틱을 잘라 트임을 만듭니다. 하지만 단추여밈단과 넥밴드 등 일부 디테일은 조정했습니다. 여러분도 저처럼 이 카디건을 즐기시길 바랍니다.

실: 산네스의 시수(울 80%, 나일론 20%, 50g=175m)
게이지: 3mm(US 2.5) 바늘로 메리야스뜨기 10×10cm=27코×28단
사이즈: S (M/L) XL (2XL)
가슴둘레: 91 (102) 113 (124)cm
총길이: 60 (62) 64 (66)cm
소매 길이: 52 (53) 54 (55)cm
실 소요량:
색상1 검정/스바르트Svart(no. 1099): 450 (550) 600 (700)g
색상2 흰색/흐비트Hvit(no. 1002): 100 (100) 150 (150)g
색상3 빨강/뢰드Rød(no. 4219): 50 (50) 50 (50)g
장갑바늘: 2.5mm(US 1.5)·3mm(US 2.5)
줄바늘: 2.5mm(US 1.5)·3mm(US 2.5) 80cm 길이
부자재: 단추(지름 15mm) 8개, 안전핀
난이도: 상
구조: 노르웨이 방식으로 몸판은 원통으로 아래에서 위로 뜨고, 앞판과 진동의 스틱을 잘라 카디건의 트임을 만듭니다(니팅스쿨 160쪽 참고). 소매는 따로 떠서 몸판 진동에 맞춰 꿰맵니다. 마지막에 단추여밈단과 넥밴드를 뜹니다.
기법:
M1B 코늘림=1단 아래 코에서 1코 코늘림한다. 니팅스쿨 163쪽 참고.
M1L 코늘림=왼쪽으로 기울어지게 1코 코늘림한다. 163쪽 니팅스쿨 참고.
M1R 코늘림=오른쪽으로 기울어지게 1코 코늘림한다. 163쪽 니팅스쿨 참고.

코를 뜬다.

XL: 1코 남을 때까지 1~20번 코를 반복한다. 1번 코로 마무리한다.

2XL: 1코 남을 때까지 1~20번 코를 반복한다. 1번 코로 마무리한다.

그다음에 무늬도안B를 참고해서 배색무늬 1~46단을 뜬다.

사이즈별로 다음과 같이 무늬도안B를 뜬다:

S: 24번 코 뜬다. 1~24번 코를 1코 남을 때까지 뜨고, 1번 코로 마무리한다.

M/L: 22~24번 코를 뜬다. 1~24번 코를 4코 남을 때까지 반복한다. 1~4번 코를 뜬다.

XL: 19~24번 코를 뜬다. 1~24번 코를 7코 남을 때까지 반복한다. 1~7번 코를 뜬다.

2XL: 16~24번 코를 뜬다. 1~24번 코를 10코 남을 때까지 반복한다. 1~10번 코를 뜬다.

동시에 네크라인 모양을 만든다.

완성품 길이에서 7cm 모자랄 때, 네크라인을 만든다. (이제 배색뜨기로 약 16cm 진행했다.)

다음과 같이 앞목 모양을 만든다:

스틱 5코를 코막음하고, 스틱 코 양쪽의 9 (7) 11 (9)코를 각각 안전핀에 옮겨 쉼코로 둔다.

(무늬도안의 나머지 부분은 편물을 앞뒤로 뒤집어가며 메리야스뜨기한다.)

그다음에는 다음과 같이 모든 네크라인 가장자리 단 시작에서 코막음한다:

다음 네크라인단 시작에서 4코 코막음한다. 다음 2회의 네크라인단 시작에서 2코 코막음한다. 다음 3회의 네크라인단 시작에서 1코 코막음한다.

네크라인 코막음 후에 무늬도안이 완성된다. (이제 몸판 편물은 약 59 (61) 63 (65)cm여야 한다.)

다음 단은 겉면 단이며, 양쪽 가장자리에 진동 스틱에 해당하는 코를 코막음한 상태다.

색상2 실을 사용해서: 겉뜨기40 (48) 53 (61)(=어깨 코), 1코 코막음한다(=진동 스틱 코), 겉뜨기40 (48) 53 (61)(=어깨 코), 겉뜨기39 (41) 43 (45)(=네크라인), 겉뜨기40 (48) 53 (61)(=어깨 코), 1코 코막음한다(=진동 스틱 코), 겉뜨기40 (48) 53 (61)(=어깨 코). 남은 몸판 코를 안전핀에 옮겨 쉼코로 둔다.

소매

2.5mm 장갑바늘과 색상1 실을 사용해서: 52코 만든다.

원통으로 고무뜨기(겉뜨기1, 안뜨기1)로 5cm 작업한다. 3mm 장갑바늘로 바꾸고 표시링을 걸어 단 시작을 표시한다.

코늘림 1단: *겉뜨기1, M1B 코늘림(기법 참고), 겉뜨기1*. *~*을 단 끝까지 반복한다. 총 78코.

계속해서 메리야스뜨기(모든 단 겉뜨기)한다.

소매 편물이 6cm가 되면, 코늘림을 시작한다.

코늘림 2단: *겉뜨기1, M1L 코늘림(기법 참고), 1코 남을 때까지 겉뜨기한다. M1R 코늘림(기법 참고), 겉뜨기1*. *~*을 1.5cm마다 21회 반복한다. 총 120코.

소매 편물이 39 (40) 41 (42)cm가 될 때까지 혹은 필요한 길이보다 14cm 모자랄 때까지 겉뜨기한다.

무늬도안C를 참고해서 배색무늬 1~40단을 뜬다. (1~24번 코를 단 끝까지 반복한다.)

무늬도안을 뜬 후: 편물을 뒤집어 방향을 바꾼 후 색상2 실을 사용해서 메리야스뜨기로 7단 더 뜬다. 카디건을 조립할 때 안쪽의 잘린 가장자리를 덮을 수 있도록 한다.

두 번째 소매도 동일한 방법으로 뜬다.

스틱 자르기

니팅스쿨 160쪽 지시사항을 참고한다. 솔기를 강화하고 조심해서 앞판과 진동의 스틱 가운데를 자른다.

진동을 박음질하고 잘라 트임 만들기

잘라낼 진동 스틱 가장자리 코 양쪽의 솔기를 강화한다. 진동은 어깨에서

몸판

2.5mm 줄바늘과 색상1 실을 사용해서: 267 (297) 327 (357)코 만든다. 편물을 앞뒤로 뒤집어가며 다음과 같이 고무뜨기한다:

1단(안면): 안뜨기1, *겉뜨기1, 안뜨기1*, *~*을 단 끝까지 반복한다.

2단(겉면): 겉뜨기1, *안뜨기1, 겉뜨기1*, *~*을 단 끝까지 반복한다.

3단: 안뜨기1, *겉뜨기1, 안뜨기1*, *~*을 단 끝까지 반복한다.

몸판 편물이 2cm가 될 때까지 2~3단을 반복한다. 안면 단으로 마무리한다.

단춧구멍

단춧구멍 1단: 앞에서 해온 방식대로 6코 고무뜨기한다. 3코 코막음한다. 단 끝까지 고무뜨기한다.

단춧구멍 2단: 코막음한 코를 만날 때까지 앞에서 해온 방식대로 고무뜨기한다. 더블 트위스티드 루프 기법(니팅스쿨 164쪽 동영상 링크 참고)으로 3코 만든다. 단 끝까지 고무뜨기한다.

계속해서 몸판 편물이 6cm가 될 때까지 고무뜨기한다. 안면 단으로 마무리한다.

원통뜨기 준비하기

고무뜨기로 13코 뜬다. 이 13코와 단 끝의 13코를 안전핀에 옮겨 쉼코로 둔다. 3mm 줄바늘로 바꿔 단 끝까지 겉뜨기한다(안전핀의 코는 뜨지 않는다). 더블 트위스티드 루프 기법으로 스틱 5코 만든다. 스틱 코는 또한 단의 시작과 끝을 표시하는 '표시링' 역할을 한다. (주의: 스틱 코는 카디건의 총 콧수에 포함되지 않으며, 스틱 코에서는 코늘림이나 코줄임을 하지 않는다.)

계속해서 몸판 편물이 37 (39) 41 (43)cm(완성품 길이에서 약 23cm 모자란 길이)가 될 때까지 메리야스뜨기한다.

계속해서, 몸판

무늬도안A를 참고해서 배색무늬 1~18단을 뜬다.

사이즈별로 다음과 같이 무늬도안A를 뜬다:

S: 1코 남을 때까지 1~20번 코를 반복한다. 1번 코로 마무리한다.

M/L: 16~20번 코를 뜬다. 1~20번 코를 6코 남을 때까지 반복한다. 1~6번

23cm가 되어야 하며, 이는 몸판 배색 부분의 길이와 일치한다(사진 참고). 어깨 위쪽에서 시작하여 정해진 길이까지 아래쪽으로 재봉실로 박음질한 다음 다시 어깨까지 박음질한다. 양쪽 가장자리 코의 중앙에 솔기를 박음질한다. 솔기 사이를 조심스럽게 자르는데, 진동 아래쪽의 솔기보다 더 많이 자르지 않도록 주의한다.

조립
어깨 잇기
색상3 실을 사용해서 메리야스잇기 기법(니팅스쿨 164쪽 참고)으로 어깨를 잇는다. 어깨 가운데 빨간 가로줄이 생긴다.

소매 잇기
소매산의 중심이 어깨 솔기의 중심과 정렬되고 단의 시작 부분이 진동 가운데 있는지 확인한다. 겉면에서 메리야스잇기로 잇는다: 소매에서는 무늬도안과 심지(마지막에 메리야스뜨기로 뜬 부분) 사이의 무늬가 바뀌는 부분에 바늘을 넣고, 몸판에서는 진동 양쪽 솔기 안쪽에 전체 코에 바늘을 넣어 메리야스잇기한다. 안면이 바깥쪽을 향하도록 편물을 뒤집고, 잘린 가장자리 위에 심지를 놓고 조심스럽게 자리를 잡아 박음질한다.

왼쪽 단추여밈단
안전핀에 쉼코로 둔 아래쪽 고무뜨기 13코를 2.5mm 장갑바늘로 옮긴다.
1단(겉면): 색상1 실을 사용해서: 겉뜨기1, *안뜨기1, 겉뜨기1*, *~*을 단 끝까지 반복한다.
2단(안면): 안뜨기1, *겉뜨기1, 안뜨기1*. *~*을 단 끝까지 반복한다. 그다음에, 더블 트위스티드 루프 기법으로 4코 만든다. (이 4코는 안쪽의 잘린 가장자리를 덮는 심지를 만든다.)
3단: 안뜨기4, 앞에서 해온 방식대로 고무뜨기한다.
4단: 4코 남을 때까지 고무뜨기한다, 겉뜨기4.
단추여밈단이 네크라인의 처음 코막음한 곳에 닿을 때까지 3~4단을 반복한다. 주의: 단추여밈단을 유연하게 만들려면 가장자리를 살짝 잡아당겨 늘려가며 뜬다.
심지 4코를 코막음한다. 남은 코를 안전핀에 옮겨 쉼코로 둔다.

옷핀 등을 사용해서 단추 8개의 위치를 표시한다. 가장자리에 일정한 간격으로 분배해 맨 위 단추가 마지막에 뜬 넥밴드에서 1cm 정도 떨어져 있어야 한다.

오른쪽 단추여밈단
주의: 오른쪽의 단춧구멍은 몸판 부분의 지시사항에 따라 떴으며, 왼쪽의 단추 표시에 상응하는 위치에 다음과 같이 뜬다.
안전핀에 쉼코로 둔 13코를 2.5mm 장갑바늘로 옮긴다.
1단(안면): 색상1 실을 사용해서: 안뜨기1, *겉뜨기1, 안뜨기1*, *~*을 단 끝까지 반복한다.
2단(겉면): 겉뜨기1, *안뜨기1, 겉뜨기1*, *~*을 단 끝까지 반복한다. 더블 트위스티드 루프 기법으로 4코 만든다.
(이 4코는 안쪽의 잘린 가장자리를 덮는 심지를 만든다.)
3단: 겉뜨기4, 앞에서 해온 방식대로 고무뜨기한다.
4단: 4코 남을 때까지 앞에서 해온 방식대로 고무뜨기한다, 안뜨기4.
네크라인의 처음 코막음했던 곳에 닿을 때까지 3~4단을 반복한다. 주의: 단추여밈단을 유연하게 만들려면 가장자리를 살짝 늘리는 것을 기억한다.
심지 4코를 코막음한다. 남은 코를 안전핀에 옮겨 쉼코로 둔다.
잘린 가장자리를 따라 조심해서 심지를 안쪽에 넣고 가장자리를 박음질한다.

넥밴드
2.5mm 줄바늘과 색상1 실을 사용해서: 안전핀에 쉼코로 두었던 단추여밈단 13코를 바늘에 옮겨 고무뜨기한다. 그다음에 네크라인 가장자리를 따라 고르게 분배해 코줍기하고, 반대쪽 안전핀에 쉼코로 두었던 단추여밈단 13코를 바늘에 옮겨 고무뜨기한다. 총 135 (135) 141 (141)코.
1단(안면): 안뜨기1, *겉뜨기1, 안뜨기1*, *~*을 단 끝까지 반복한다.
2단(겉면): 겉뜨기1, *안뜨기1, 겉뜨기1*, *~*을 단 끝까지 반복한다.
3단: 안뜨기1, *겉뜨기1, 안뜨기1*. *~*을 단 끝까지 반복한다.
넥밴드 편물이 1cm가 될 때까지 2~3단을 반복한다. 안면 단으로 마무리한다.
이전과 동일한 방법으로 단춧구멍을 만든다.

넥밴드 편물이 3cm가 될 때까지 고무뜨기한다.
이어지는 2단에서 양쪽 끝의 13코를 코막음한다. 고무뜨기로 3cm 더 작업
한다. 고무뜨기하면서 느슨하게 코막음한다. 넥밴드가 두 겹이 되게 가장자
리를 안쪽으로 접어 제자리에 짧은 땀으로 박음질한다.

마무리
실끝을 정리한다. 니팅스쿨 161쪽 지시사항을 참고해 카디건을 조심스럽게
블로킹한다. 단춧구멍의 위치에 맞춰 반대편에 단추를 단다.

무늬도안A

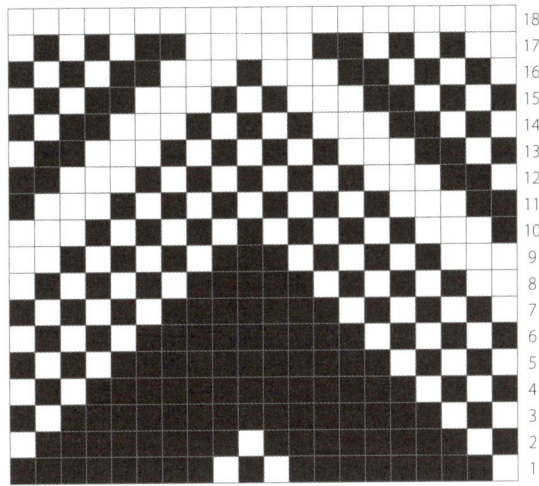

무늬도안B

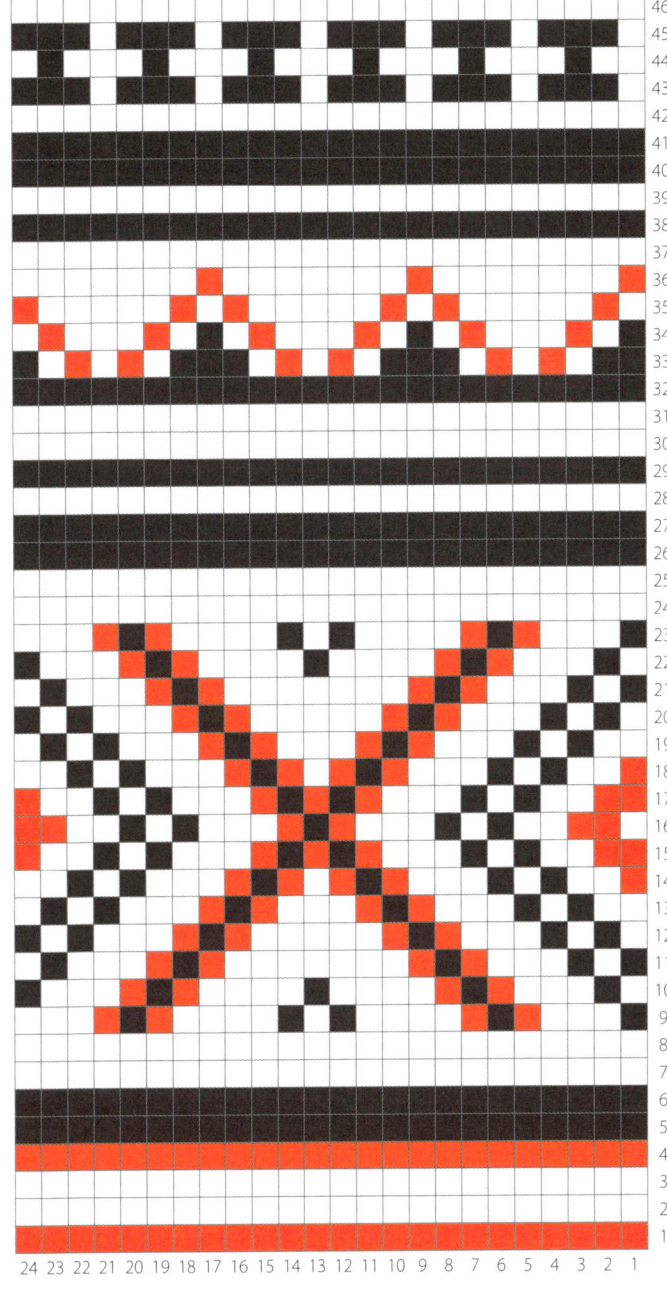

무늬도안C

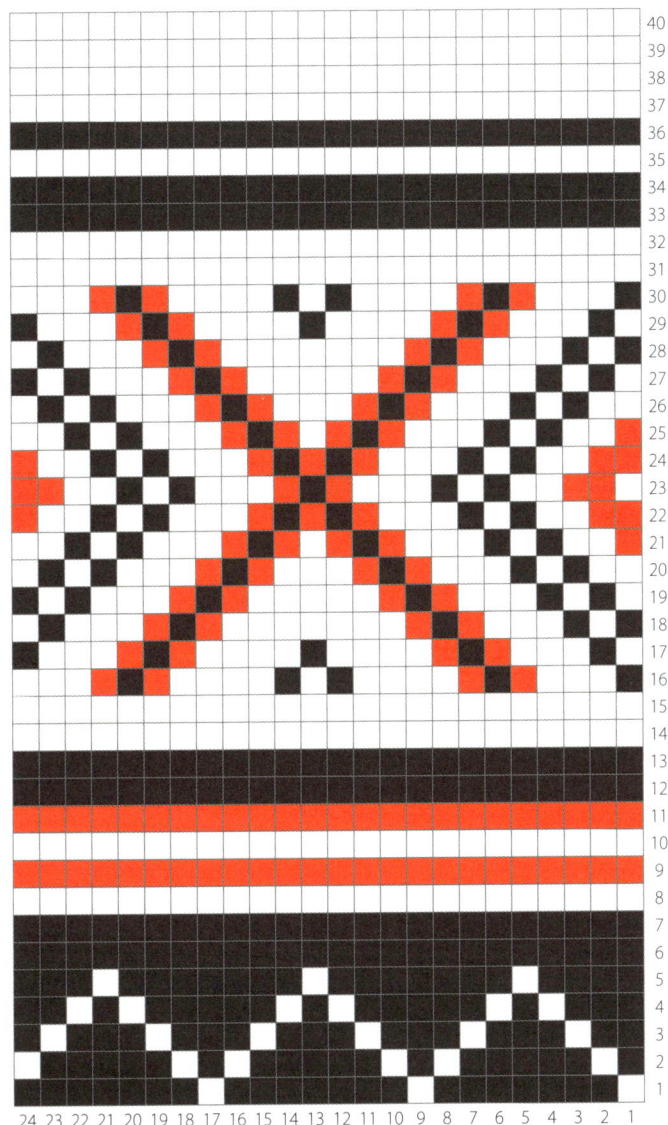

■ 색상1

□ 색상2

■ 색상3

시스터후드 Sisterhood

가을

춤추는 자매들이 이번에는 카디건 형태로 돌아왔습니다. 이전에 제가 디자인한 장갑과 양말을 떠본 적이 있다면 알아보실 수 있을 거예요. 스웨덴 전통 링 댄스를, 세대를 이어가며 서로를 돕는 삶의 방식에 대한 상징으로 사용하는 데는 아름다운 무언가가 있습니다. 링 댄스는 무한한 돌봄의 순환과도 같습니다. 여러분은 어느 순간 엄마의 손을 잡은 어린 소녀였다가 어느새 엄마나 할머니가 되어 서 있는 자신을 발견할 수 있습니다. 인생의 순환은 경이로움으로 가득합니다. 하지만 사랑이 우리를 하나로 묶어 시간과 공간을 초월하여 모두가 하나가 되게 합니다.

시스터후드 카디건은 가는 실로 섬세하게 뜬 따뜻한 울 카디건입니다!

실: 예르보의 2합 울(울 100%, 100g=약 300m)
게이지: 3mm(US 2.5) 바늘로 메리야스뜨기 10×10cm=25코×30단
사이즈: XS (S) M (L) XL (2XL) 3XL
가슴둘레: 87 (96) 105 (115) 125 (134) 143cm
총길이: 42 (43) 45 (46) 48 (51) 53cm
소매 길이: 48 (49) 50 (50) 50 (53) (53)cm
실 소요량:
색상1 블래키시Blackish(no. 74109): 300 (300) 300 (400) 450 (450) (500)g
색상2 내추럴 화이트Natural White(no. 74102): 100 (100) 100 (150) 150 (150) (200)g
줄바늘: 3mm(US 2.5) 80cm 길이
장갑바늘: 2.5mm(US 1.5)·3mm(US 2.5)
부자재: 표시링 5개, 안전핀
그 외: 단추(지름 10mm) 11개, 장식 밴드(선택사항) 약 1m
난이도: 상
구조: 이 카디건은 아래에서 위로 원통뜨기합니다. 몸판과 소매는 각각 뜬 후 요크에서 하나의 줄바늘에 모두 옮겨 연결합니다. 마지막으로 앞판 스틱을 잘라 카디건의 트임을 만듭니다(니팅스쿨 160쪽 참고). 이후에 단추여밈단을 뜹니다. 가장자리에 라트비안 브레이드(니팅스쿨 164쪽 참고)가 있는 몸판 아래쪽은 넓은 무늬 섹션으로 장식합니다. 카디건의 다른 부분은 작은 점무늬(라이스 스티치lice stitch)로 장식합니다.
기법:
M1L 코늘림=왼쪽으로 기울어지게 1코 코늘림한다. 163쪽 니팅스쿨 참고.
M1R 코늘림=오른쪽으로 기울어지게 1코 코늘림한다. 163쪽 니팅스쿨 참고.
래글런 코줄임=래글런 표시링 3코 전까지 겉뜨기한다. 1코 걸러뜨기, 겉뜨기1, 걸러뜨기한 코를 겉뜨기한 코 위로 덮어씌운다. 겉뜨기1, 표시링을 왼손 바늘에서 오른손 바늘로 옮긴다. 겉뜨기1, 왼코줄임. 모든 래글런 표시링에서 반복한다.

몸판

3mm 줄바늘과 색상1 실을 사용해서: 217 (241) 265 (289) 313 (337) 361코 만든다. 이 코에 더해, 스틱 5코 만든다. 스틱 코는 또한 단의 시작과 끝을 표시하는 '표시링' 역할을 한다. (주의: 스틱 코는 카디건의 총 콧수에 포함되지 않으며, 스틱 코에서는 코늘림이나 코줄임을 하지 않는다.)

원통으로 이어 라트비안 브레이드(니팅스쿨 164쪽 참고)를 뜨기 시작한다. 주의: 스틱 코는 라트비안 브레이드가 아닌 메리야스뜨기로 작업한다.

1단: *색상1 실로 겉뜨기1, 색상2 실로 겉뜨기1*. *~*을 1코 남을 때까지 반복한다. 색상1 실로 겉뜨기1.

2단: *색상1 실로 안뜨기1, 색상2 실로 안뜨기1*. *~*을 1코 남을 때까지 반복한다. 색상1 실로 안뜨기1. 주의: 진행할 때 2가지 실 모두 편물 앞에서 잡는다. 색상을 바꿀 때 새 실은 방금 뜬 실 아래로 지나가야 한다.

3단: *색상1 실로 안뜨기1, 색상2 실로 안뜨기1*. *~*을 1코 남을 때까지 반복한다. 색상1 실로 안뜨기1. 주의: 진행할 때 2가지 실 모두 편물 앞에서 잡는다. 색상을 바꿀 때 새 실은 방금 뜬 실 위로 지나가야 한다.

메리야스뜨기(원통뜨기일 때 모든 단 겉뜨기)로 바꿔 색상1 실을 사용해서 겉뜨기로 2단 뜬다.

무늬도안A를 참고해서, 배색무늬 1~21단을 뜬다(1~12번 코를 1코 남을 때까지 반복하고, 1번 코를 뜬다).

색상1 실을 사용해서: 겉뜨기로 2단 뜬다.

위의 지시사항을 따라 라트비안 브레이드를 1개 더 뜬다. 이제부터 몸판은 메리야스뜨기(원통뜨기일 때 모든 단 겉뜨기)로 진행한다.

색상1 실을 사용해서: 겉뜨기로 3단 뜬다.

무늬도안B를 참고해서, 배색무늬 1~8단을 뜬다(1~4번 코를 1코 남을 때까지 반복하고, 1번 코를 뜬다). 1~8단을 몸판 편물이 26 (26) 27 (28) 30 (32) 34cm 혹은 원하는 길이가 될 때까지 반복한다. 주의: 무늬도안의 4단 혹은 8단으로 마무리한다.

진동

다음과 같이 코막음한다: 겉뜨기50 (55) 60 (65) 70 (75) 80(=오른쪽 앞판), 9 (11) 13 (15) 17 (19) 21코 코막음한다(코막음 후에 오른손 바늘에 1코 남아 있다). 겉뜨기98 (108) 118 (128) 138 (148) 158(=뒤판), 9 (11) 13 (15) 17 (19) 21코 코막음한다(코막음 후에 오른손 바늘에 1코 남아 있다), 겉뜨기49 (54) 59 (64) 69 (74) 79(=왼쪽 앞판). 총 198 (218) 238 (258) 278 (298) 318코.

몸판 코를 안전핀에 옮겨 쉼코로 둔다.

오른쪽 소매

2.5mm 장갑바늘과 색상1 실을 사용해서: 56 (56) 60 (60) 68 (68) 68코 만든다.

원통으로 고무뜨기(겉뜨기1, 안뜨기1)로 5cm 작업한다.

이제부터 소매는 메리야스뜨기(원통뜨기일 때 모든 단 겉뜨기)한다.

3mm 장갑바늘로 바꿔 겉뜨기로 2단 뜬다. 주의: 표시링을 걸어 단 시작을 표시한다. 이렇게 하면 무늬가 고르게 배치되도록 조정하기가 더 쉬울 것이다.

무늬도안B를 참고해서, 배색무늬 1~8단을 뜬다(1~4번 코를 단 끝까지 반복한다).

무늬도안B의 1~8단을 1회 더 반복한다.

동시에 이제 무늬도안B를 참고해서 코늘림을 시작한다. 코늘림으로 새로운 코가 더해지므로, 이 코들은 점무늬에 통합되어야 한다. 모든 단의 콧수가 4의 배수는 아니므로 무늬도안이 완벽하게 반복되지 않는 단이 있다. 그러므로 시작점으로 표시링을 제자리에 유지하고 표시링 양쪽에서 무늬를 늘리는 것이 중요하다.

코늘림 단: 겉뜨기1, M1L 코늘림(기법 참고), 1코 남을 때까지 겉뜨기한다, M1R 코늘림(기법 참고), 겉뜨기1.

계속해서 메리야스뜨기로 작업하는데, 바늘에 82 (86) 90 (96) 100 (106) 110코 있을 때까지 2.5 (2.5) 2.5 (2) 2 (2) 2cm마다 코늘림 단을 반복한다.

소매 편물이 약 48 (49) 50 (50) 50 (53) 53cm가 될 때까지 메리야스뜨기하

는데 무늬도안에 따라 길이를 조정한다. 주의: 다음으로 뜰 단이 몸판의 다음 단(무늬도안 4단 혹은 8단)과 상응하도록 무늬도안의 3단 혹은 7단으로 마무리한다.

다음과 같이 소매 진동을 코막음한다: 4 (5) 6 (7) 8 (9) 10코 코막음한다. 5 (6) 7 (8) 9 (10) 11코 남을 때까지 겉뜨기한다. 5 (6) 7 (8) 9 (10) 11코 코막음한다. 바늘에 총 73 (75) 77 (81) 83 (87) 89코 있다.

소매코를 안전핀에 옮겨 쉼코로 둔다.

왼쪽 소매

왼쪽 소매는 오른쪽 소매와 동일하게 뜨는데, 소매가 앞판과 일치하도록 무늬도안B가 반전되어야 한다.

요크

이제 모든 편물을 함께 뜬다.

편물의 겉면이 보이는 상태에서 3mm 줄바늘과 색상1 실을 사용해, 다음과 같이 각 편물을 줄바늘에 옮긴다:

오른쪽 앞판: 50 (55) 60 (65) 70 (75) 80코.

오른쪽 소매: 73 (75) 77 (81) 83 (87) 89코.

뒤판: 99 (109) 119 (129) 139 (149) 159.

왼쪽 소매: 73 (75) 77 (81) 83 (87) 89코.

왼쪽 앞판: 50 (55) 60 (65) 70 (75) 80코.

이제 바늘에 총 345 (369) 393 (421) 445 (473) 497코 있어야 한다.

겉뜨기로 1단 작업하는데 동시에 다음과 같이 표시링을 건다:

단 시작에 표시링 1개, 오른쪽 앞판과 오른쪽 소매 사이에 래글런 표시링 1개, 오른쪽 소매와 뒤판 사이에 래글런 표시링 1개.

뒤판과 왼쪽 소매 사이에 래글런 표시링 1개, 왼쪽 소매와 왼쪽 앞판 사이에 래글런 표시링 1개.

총 4개의 래글런 표시링이 있고, 단 시작에 표시링이 1개 있다.

계속해서 무늬도안B를 참고해서 점무늬를 뜨는데, 각 편물을 따로 떴을 때와 동일하게 진행한다. 그러나 표시링 전과 후의 4코씩은 색상1 실로 작업한

다(사진 참고)(니팅스쿨의 배색뜨기 주의사항을 참고한다).

래글런 코줄임
메리야스뜨기하면서 매 단 래글런 코줄임(기법 참고)을 총 7 (8) 8 (9) 10 (12) 14회 한다. 그다음에 2단마다 래글런 코줄임을 총 19 (21) 23 (24) 25 (23) 23회 한다. 총 137 (137) 145 (157) 165 (193) 201코.

네크라인 모양 만들기
스틱 코 10 (10) 10 (11) 11 (12) 12코 전까지 겉뜨기하고, 가운데 스틱 5코와 20 (20) 20 (22) 22 (24) 24코 코막음한다. 이렇게 네크라인 모양을 만든다.
코막음으로 시작한 단을 계속 진행하고 이번 단에서 이전과 동일한 방식으로 래글런 코줄임한다. 여기서부터 카디건의 남은 부분은 앞뒤로 뒤집어가며 메리야스뜨기한다—앞에서 해온 방식대로 점무늬를 뜬다.
다음 단(안면): 편물을 뒤집는다, 안뜨기로 2코모아뜨기, 단 끝까지 안뜨기한다.
계속해서 메리야스뜨기하는데 네크라인 모양 만들기 모든 단 시작에서 다음과 같이 1코 코줄임한다:
겉면 단에서: 1코걸러뜨기, 겉뜨기1, 걸러뜨기한 코를 겉뜨기한 코 위로 덮어씌운다.
안면 단에서: 안뜨기로 2코모아뜨기한다.
동시에 겉면 단에서, 2단마다 래글런 코줄임해 총 24 (26) 28 (29) 30 (30) 31회 코줄임을 할 때까지 계속한다. (처음 7 (8) 8 (9) 10 (12) 14회 래글런 코줄임은 이 숫자에 포함되지 않는다.) 주의: 마지막 2회의 코줄임 단은 무늬대로 뜨지 않고 색상1 실만 사용해서 뜬다. 래글런 코줄임 마지막 단 후에, 다음과 같이 안면 단으로 마무리한다: 안뜨기로 2코모아뜨기, 바늘에 2코 남을 때까지 안뜨기한다. 안뜨기로 2코모아뜨기. 총 67 (67) 75 (85) 93 (99) 97코. 요크 코를 안전핀에 옮겨 쉼코로 둔다.

단추여밈단
오른쪽 단추여밈단(단춧구멍)
편물의 겉면이 보이는 상태에서: 아래쪽에서 시작해 오른쪽 앞판 가장자리를 따라 116 (116) 118 (120) 124 (128) 132코 줍는다. 주의: 코를 주울 때 4번째 단은 건너뛰어서 고르게 간격을 둔다(*3코 줍는다, 4번째 코는 건너뛴다*, *~*를 반복한다).
겉뜨기로 3단 뜬다.
단춧구멍 만든다:
XS: 겉뜨기2, *왼코줄임, 바늘비우기, 겉뜨기9*. *~*를 9회 더 반복한다, 왼코줄임, 바늘비우기, 겉뜨기2.
S: 겉뜨기2, *왼코줄임, 바늘비우기, 겉뜨기9*. *~*를 9회 더 반복한다, 왼코줄임, 바늘비우기, 겉뜨기2.
M: 겉뜨기3, *왼코줄임, 바늘비우기, 겉뜨기9*. *~*를 9회 더 반복한다, 왼코줄임, 바늘비우기, 겉뜨기3.
L: 겉뜨기4, *왼코줄임, 바늘비우기, 겉뜨기9*. *~*를 9회 더 반복한다, 왼코줄임, 바늘비우기, 겉뜨기4.
XL: 겉뜨기6, *왼코줄임, 바늘비우기, 겉뜨기9*. *~*를 9회 더 반복한다, 왼코줄임, 바늘비우기, 겉뜨기6.
2XL: 겉뜨기3, *왼코줄임, 바늘비우기, 겉뜨기10*. *~*을 9회 더 반복한다, 왼코줄임, 바늘비우기, 겉뜨기3.
3XL: 겉뜨기5, *왼코줄임, 바늘비우기, 겉뜨기10*. *~*을 9회 더 반복한다, 왼코줄임, 바늘비우기, 겉뜨기5.
겉뜨기로 3단 뜬다.
사용할 때 늘어나지 않는 견고한 가장자리를 만들기 위해, 4번째 코마다 코막음할 때 코줄임한다. 다음과 같이 코막음한다:
3코 코막음한다, 왼코줄임, 코줄임한 코를 코막음한다. *~*를 모든 코를 코막음할 때까지 반복한다. (주의: 코막음은 이 과정의 어느 단계에서든지 끝날 수 있다.)

왼쪽 단추여밈단
편물의 겉면이 보이는 상태에서: 위에서 시작해 왼쪽 앞판 가장자리를 따라 116 (116) 118 (120) 124 (128) 132코 줍는다. 겉뜨기로 7단 뜬다.
오른쪽 단추여밈단과 동일한 방식으로 코막음한다.

넥밴드
편물의 겉면이 보이는 상태에서 오른쪽 단추여밈단에서 시작해: 오른쪽 네크라인을 따라서 코줍기한다—다음 3코에서 1코씩 줍는다. 1코 건너뛴다, 뒷목의 코막음하지 않은 코에 닿을 때까지 이 과정을 반복한다. 겉뜨기로 67 (67) 75 (85) 93 (99) 97코 작업한다. 왼쪽 네크라인을 따라서 단 시작에서 주웠던 (오른쪽 네크라인) 코와 동일한 콧수를 줍는다.
앞뒤로 뒤집어가며 겉뜨기로 5단 뜬다. 오른쪽 단추여밈단과 동일한 방식으로 코막음한다.

스틱 자르기
니팅스쿨 160쪽을 참고한다. 가운데 스틱 코 양쪽을 재봉실을 써서 손바질로 박음질해 솔기를 강화한다. 조심스럽게 가운데 스틱 코의 중심을 잘라 카디건의 트임을 만든다. (잘린 가장자리는 안면으로 말릴 것이다.)

마무리
메리야스잇기 기법으로 몸판과 소매의 진동 코를 잇는다. 실끝을 정리한다. 니팅스쿨 161쪽 지시사항을 참고해 카디건을 조심스럽게 블로킹한다. 잘린 가장자리는 장식 밴드를 꿰매 안면에 숨기거나 가장자리를 접어서 안면에 보이지 않게 꿰맨다(니팅스쿨 160~161쪽 참고).

무늬도안A

무늬도안B

												21
												20
												19
												18
												17
												16
												15
												14
												13
												12
												11
												10
												9
												8
												7
												6
												5
												4
												3
												2
												1

12 11 10 9 8 7 6 5 4 3 2 1

8
7
6
5
4
3
2
1

4 3 2 1

■ 색상1

□ 색상2

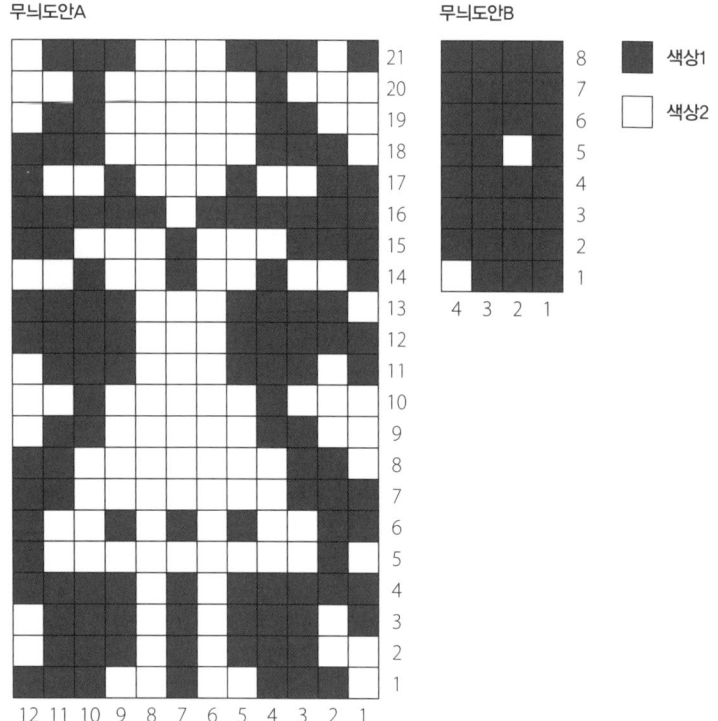

리오라Leora

리오라라는 이름은 히브리어로 '나의 빛'이라는 뜻입니다. 그리스어로는 '연민' 또는 '빛'을 의미하기도 합니다.

제가 리오라 카디건을 만들 때 염두에 둔 것은 문자 그대로든 비유적으로든 빛이 돌아오기를 갈망하는 어두운 시기였습니다. 그러다 문득 모든 것을 비추는 희망의 등불이 켜지고, 삶이 다시 가벼워지는 느낌을 받는 순간이 오잖아요. 빛이 필요한 사람들에게 이 카디건이 그런 빛이 되면 좋겠어요!

이 카디건은 소박하면서도 따뜻한 구조 덕분에 가을바람과 폭풍우를 모두 견딜 수 있습니다. 무늬도안의 반복적인 구조는 뜨개를 하는 동안 약간의 휴식과 회복을 선사할 것입니다.

실: 이스텍스의 레틀로피(아이슬란드 울 100%, 50g=100m)
게이지: 5mm(US 8) 바늘로 메리야스뜨기 10×10cm=18코×24단
사이즈: XS (S) M (L) XL (2XL) 3XL (4XL)
가슴둘레: 85 (94) 98 (107) 120 (134) 143 (156)cm
총길이: 47 (48.5) 51 (52) 55 (56.5) 58.5 (60)cm
소매 길이: 44 (45) 47 (49) 51 (52) 52 (52)cm
실 소요량:
색상1 스트로Straw(no. 11418): 350 (400) 450 (500) (500) 550 (600) (600)g
색상2 에어블루Air Blue(no. 11700): 50 (100) 100 (100) 100 (150) 150 (150)g
장갑바늘: 4.5mm(US 7)·5mm(US 8)
줄바늘: 4.5mm(US 7)·5mm(US 8) 80cm 길이
부자재: 단추(지름 15mm) 11개, 안전핀, 장식 밴드(선택사항)
난이도: 상
구조: 몸판과 소매는 각각 아래에서 위로 원통뜨기한 후 하나의 줄바늘에 모두 옮겨 연결합니다. 그다음에 요크는 코줄임하고, 되돌아뜨기로 뒷목을 뜬 다음, 넥밴드를 뜹니다. 마지막으로 단추여밈단을 뜨고, 앞판의 스틱을 잘라 카디건의 트임을 만듭니다(니팅스쿨 160쪽 참고). 밑단과 넥밴드의 고무뜨기단은 편물을 앞뒤로 뒤집어가며 뜹니다.
기법:
M1L 코늘림=왼쪽으로 기울어지게 1코 코늘림한다. 163쪽 니팅스쿨 참고.
M1R 코늘림=오른쪽으로 기울어지게 1코 코늘림한다. 163쪽 니팅스쿨 참고.

몸판

4.5mm 줄바늘과 색상1 실을 사용해서: 146 (162) 174 (190) 214 (234) 250 (274)코 만든다.

편물을 앞뒤로 뒤집어가며 고무뜨기한다:

1단(안면): *안뜨기2, 겉뜨기2*, 2코 남을 때까지 *~*를 반복한다. 안뜨기2.

2단(겉면): *겉뜨기2, 안뜨기2*, 2코 남을 때까지 *~*를 반복한다. 겉뜨기2.

3단(안면): *안뜨기2, 겉뜨기2*, 2코 남을 때까지 *~*를 반복한다. 안뜨기2.

고무뜨기단이 5cm가 될 때까지 2~3단을 반복한다. 주의: 안면 단으로 마무리한다.

이제부터 몸판은 원통으로 메리야스뜨기(모든 단 겉뜨기)한다.

첫 단, 5mm 줄바늘을 사용해서: 겉뜨기하는데 동시에 단 전체에 고르게 분배해 7 (7) 3 (3) 3 (7) 7 (7)코 코늘림한다. 총 153 (169) 177 (193) 217 (241) 257 (281)코.

더블 트위스티드 루프 기법(니팅스쿨 164쪽의 동영상 링크 참고)으로 스틱 5코 만든다. 스틱 코는 또한 단의 시작과 끝을 표시하는 '표시링' 역할을 한다. (주의: 스틱 코는 카디건의 총 콧수에 포함되지 않으며, 스틱 코에서는 코늘림이나 코줄임을 하지 않는다.)

겉뜨기로 1단 더 뜬다.

무늬도안A를 참고해서 진행하는데, 매 단 무늬도안을 오른쪽에서 왼쪽으로 읽는다. 사이즈별로 다음과 같이 1~37단을 뜬다. **XS:** 1~24번 코를 총 6회 뜬다. 1~9번 코 뜬다. (**S:** 5~24번 코 뜬다. 1~24번 코를 총 6회 뜬다. 1~5번 코 뜬다.) **M:** 1~24번 코를 총 7회 뜬다. 1~9번 코 뜬다. (**L:** 5~24번 코 뜬다. 1~24번 코를 총 7회 뜬다. 1~5번 코 뜬다.) **XL:** 5~24번 코 뜬다. 1~24번 코를 총 8회 뜬다. 1~5번 코 뜬다. (**2XL:** 5~24번 코 뜬다. 1~24번 코를 총 9회 뜬다. 1~5번 코 뜬다.) **3XL:** 21~24번 코 뜬다. 1~24번 코를 총 10회 뜬다. 1~13번 코 뜬다. (**4XL:** 21~24번 코 뜬다. 1~24번 코를 총 11회 뜬다. 1~13번 코 뜬다.) 색상1 실을 사용해서: 계속해서 몸판 편물이 25 (26) 27 (28) 29 (30) 31 (32)cm 혹은 원하는 길이가 될 때까지 겉뜨기한다. 몸판 코를 쉼코로 둔다.

소매

4.5mm 장갑바늘과 색상1 실을 사용해서: 40 (40) 40 (40) 40 (44) 44 (44)코 만든다.

원통으로 고무뜨기(겉뜨기2, 안뜨기2)로 5cm 작업한다.

5mm 장갑바늘로 바꿔 계속해서 메리야스뜨기(원통뜨기일 때 모든 단 겉뜨기)하는데, 동시에 단 전체에 고르게 분배해 8 (8) 8 (8) 8 (4) 4 (4)코 코늘림한다. 총 48 (48) 48 (48) 48 (48) 48 (48)코. 표시링을 걸어 단 시작을 표시한다.

겉뜨기로 1단 더 뜬다.

무늬도안B를 참고해서 1~13단을 뜬다(1~24번 코가 총 2회 반복된다).

색상1 실을 사용해서: 겉뜨기로 2단 뜬다.

코늘림 단: *겉뜨기1, M1L 코늘림(기법 참고), 1코 남을 때까지 겉뜨기한다. M1R 코늘림(기법 참고), 겉뜨기1.

코늘림 없이 겉뜨기로 19 (13) 9 (7) 5 (3) 3 (3)단 작업한다.*

*~*를 총 2 (4) 6 (10) 14 (18) 21 (23)회 반복한다. 총 52 (56) 60 (68) 76 (84) 90 (94)코.

소매 편물이 44 (45) 47 (49) 51 (52) 52 (52)cm 혹은 원하는 길이가 될 때까지 겉뜨기한다.

다음 단: 4 (5) 5 (6) 7 (7) 8 (8)코 남을 때까지 겉뜨기한다. 다음 8 (10) 10 (12) 14 (14) 16 (16)코를 안전핀에 옮겨 쉼코로 둔다(=진동 코). 실을 자르고, 소매의 남은 44 (46) 50 (56) 62 (70) 74 (78)코를 안전핀에 옮겨 쉼코로 둔다. 두 번째 소매도 동일한 방법으로 뜬다.

몸판과 소매 연결하기

계속해서 원통으로 메리야스뜨기한다. 5mm 줄바늘과 색상1 실을 사용해서: 오른쪽 앞판 34 (37) 39 (42) 47 (53) 56 (62)코를 겉뜨기한다. 다음 8 (10) 10

(12) 14 (14) 16 (16)코를 안전핀에 옮겨 쉼코로 둔다. 오른쪽 소매 44 (46) 50 (56) 62 (70) 74 (78)코를 겉뜨기한다. 뒤판 69 (75) 79 (85) 95 (107) 113 (125) 코를 겉뜨기한다. 다음 8 (10) 10 (12) 14 (14) 16 (16)코를 안전핀에 옮겨 쉼코 로 둔다. 왼쪽 소매 44 (46) 50 (56) 62 (70) 74 (78)코를 겉뜨기한다. 왼쪽 앞판 34 (37) 39 (42) 47 (53) 56 (62)코를 겉뜨기한다. 바늘에 총 225 (241) 257 (281) 313 (353) 373 (405)코 있다.

겉뜨기로 1단 작업한다.

다음 단. XS, S, M, 2XL: 겉뜨기한다. L, XL, 3XL, 4XL: 고르게 분배해서 8 (8) 4 (4)코 코줄임한다. 바늘에 총 225 (241) 257 (273) 305 (353) 369 (401)코 남아 있다.

요크

겉뜨기로 11 (12) 13 (14) 16 (17) 18 (19)단 뜬다.

코줄임 1단: 겉뜨기1, *겉뜨기6, 왼코줄임*, *~*을 단 끝까지 반복한다. 총 197 (211) 225 (239) 267 (309) 323 (351)코. 겉뜨기로 8단 뜬다.

코줄임 2단: 겉뜨기7, *왼코줄임, 겉뜨기12*. *~*를 8코 남을 때까지 반복한다. 왼코줄임, 겉뜨기6. 총 183 (196) 209 (222) 248 (287) 300 (326)코. 겉뜨기로 11단 뜬다.

코줄임 3단: 겉뜨기2, *왼코줄임, 겉뜨기11*. 1코 남을 때까지 *~*를 반복한다. 겉뜨기1. 겉뜨기로 2단 뜬다.

코줄임 4단: 겉뜨기3, *왼코줄임, 겉뜨기4*. 4코 남을 때까지 *~*를 반복한다. 왼코줄임, 겉뜨기2. 총 141 (151) 161 (171) 191 (221) 231 (251)코. 겉뜨기로 5단 뜬다.

코줄임 5단: 겉뜨기3, *왼코줄임, 겉뜨기3*. 3코 남을 때까지 *~*을 반복한다. 왼코줄임, 겉뜨기1. 겉뜨기로 2단 뜬다.

코줄임 6단: 겉뜨기2, *왼코줄임, 겉뜨기2*. 3코 남을 때까지 *~*를 반복한다. 왼코줄임, 겉뜨기1. 바늘에 총 85 (91) 97 (103) 115 (133) 139 (151)코 남아 있다.

뒷목 되돌아뜨기

162쪽의 되돌아뜨기와 랩앤턴에 대해 읽는다. 이제 편물을 앞뒤로 뒤집어가 며 겉뜨기와 안뜨기로 되돌아뜨기 단을 뜨면서 메리야스뜨기할 것이다: 겉 뜨기56 (60) 64 (68) 76 (88) 92 (100), 랩앤턴. 안뜨기28 (30) 32 (34) 38 (44) 46 (50), 랩앤턴. *마지막 되돌아뜨기 4코 전까지 겉뜨기한다. 랩앤턴. 마지막 되돌아뜨기 4코 전까지 안뜨기한다. 랩앤턴*.

*~*을 총 2 (2) 3 (3) 4 (4) 5 (5)회 반복한다. 그다음에 단 끝까지 겉뜨기하 는데 동시에 니팅스쿨의 설명을 참고해서 되돌아뜨기 코를 만나면 정리한다. 마지막으로 겉뜨기로 1단 뜨면서 남은 되돌아뜨기 코가 있으면 정리한다.

넥밴드

겉뜨기로 1단 작업하는데, 동시에 단 전체에 고르게 분배해 3 (1) 3 (1) 1 (11) 13 (21)코 코줄임한다. 총 82 (90) 94 (102) 114 (122) 126 (130)코. 4.5mm 줄 바늘로 바꿔 앞판 가운데 스틱 5코를 코막음한다.

앞뒤로 뒤집어가며 넥밴드를 뜬다:

1단(겉면): *겉뜨기2, 안뜨기2*. 2코 남을 때까지 *~*를 반복한다. 겉뜨기2.
2단(안면): *안뜨기2, 겉뜨기2*. 2코 남을 때까지 *~*를 반복한다. 안뜨기2.
넥밴드가 4cm가 될 때까지 1~2단을 반복한다. 안면 단으로 마무리한다

코줄임 단: *겉뜨기2, 안뜨기로 2코모아뜨기*. 2코 남을 때까지 *~*를 반 복한다. 겉뜨기2. 총 62 (68) 71 (77) 86 (92) 95 (98)코. 고무뜨기하면서 느슨 하게 코막음한다.

소매와 몸판 진동 연결하기

4.5mm 장갑바늘을 사용해서: 소매와 몸판 진동 아래쪽 코를 바늘 3개를 이 용한 코막음 기법(니팅스쿨 164쪽 참고)으로 연결한다. 실끝을 정리한다.

단추여밈단

왼쪽 단추여밈단

4.5mm 줄바늘과 색상1을 사용해서(겉면): 위쪽에서 시작해서 왼쪽 앞판 가 장자리를 따라 코줍기한다. 가장자리를 유연하게 만들기 위해, 앞판 가장자리 의 3단에 2코 줍는다(*2코 줍는다. 3번째 코는 건너뛴다*. *~*를 반복한 다). 반드시 4의 배수에 2를 더한 콧수를 줍는다.

이제 고무뜨기로 작업한다:

1단(안면): *안뜨기2, 겉뜨기2*, 2코 남을 때까지 *~*를 반복한다. 안뜨기2.
2단(겉면): *겉뜨기2, 안뜨기2*, 2코 남을 때까지 *~*를 반복한다. 겉뜨기2.
3단(안면): *안뜨기2, 겉뜨기2*, 2코 남을 때까지 *~*를 반복한다. 안뜨기2.
2~3단을 총 4회 반복한다(총 9단). 고무뜨기하면서 코막음한다.

오른쪽 단추여밈단

4.5mm 줄바늘과 색상1 실을 사용해서(겉면): 아래쪽에서 시작해서 오른쪽 앞판 가장자리를 따라 코줍기한다. 반드시 왼쪽과 동일한 콧수를 줍는다. 단 전체에 고르게 분배해 단춧구멍을 표시하는 표시링 11개를 바늘에 건다. (각 단춧구멍은 2코에 걸쳐 만든다.)

왼쪽 단추여밈단의 설명을 참고해서 3단까지 고무뜨기한다.

4단(단춧구멍 1단, 겉면): 첫 단춧구멍까지 고무뜨기한다. 그다음에 다음과 같이 작업한다: *2코 코막음한다. 계속해서 다음 단춧구멍까지 앞에서 해온 방식대로 고무뜨기한다*. 모든 단춧구멍을 완성할 때까지 *~*를 반복한다. 단 끝까지 고무뜨기한다.

5단(단춧구멍 2단, 안면): 첫 단춧구멍까지 고무뜨기한다. 다음과 같이 마무 리한다: *더블 트위스티드 루프 기법으로 2코 만든다. 계속해서 다음 단춧구 멍까지 앞에서 해온 방식대로 고무뜨기한다*. 모든 단춧구멍을 마무리할 때 까지 *~*를 반복한다. 단 끝까지 고무뜨기한다.

고무뜨기로 4단 더 뜨고 고무뜨기하면서 코막음한다.

스틱 자르기

니팅스쿨 160쪽을 참고한다. 가운데 스틱 코 양쪽을 재봉실을 써서 손바느 질로 박음질해 솔기를 강화한다. 조심스럽게 가운데 스틱 코의 중심을 잘라 카디건의 트임을 만든다. (잘린 가장자리는 안면으로 말릴 것이다.)

마무리

실끝을 정리한다. 니팅스쿨 161쪽 지시사항을 참고해 카디건을 조심스럽게 블로킹한다. 단춧구멍의 위치에 맞춰 반대편에 단추를 단다. 잘린 가장자리 는 장식 밴드를 꿰매 안면에 숨기거나 가장자리를 접어서 안면에 보이지 않 게 꿰맨다(니팅스쿨 160~161쪽 참고).

무늬도안A

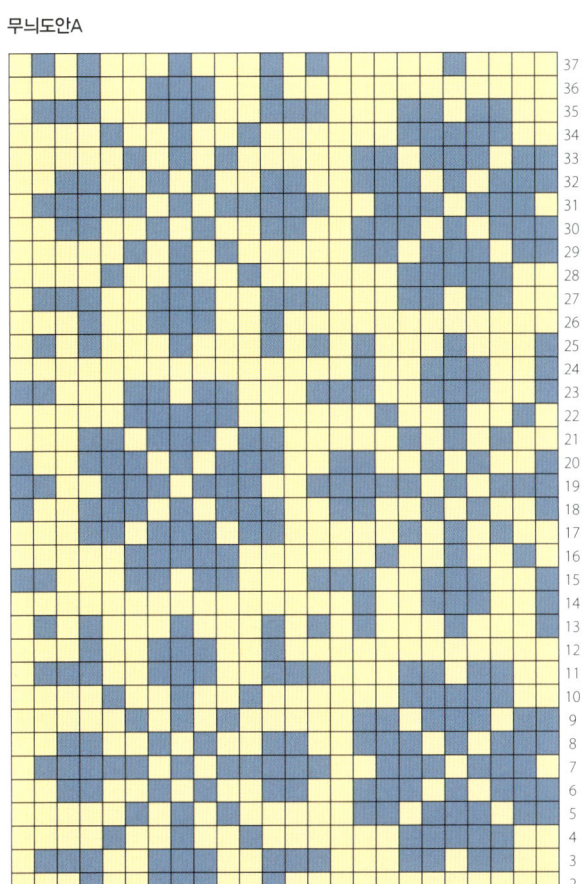

37
36
35
34
33
32
31
30
29
28
27
26
25
24
23
22
21
20
19
18
17
16
15
14
13
12
11
10
9
8
7
6
5
4
3
2
1

24 23 22 21 20 19 18 17 16 15 14 13 12 11 10 9 8 7 6 5 4 3 2 1

무늬도안B

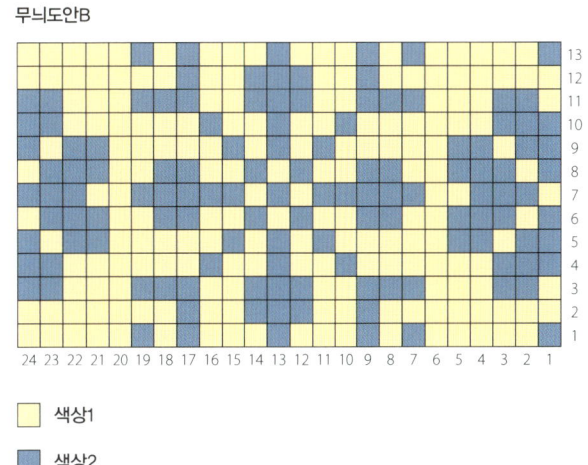

13
12
11
10
9
8
7
6
5
4
3
2
1

24 23 22 21 20 19 18 17 16 15 14 13 12 11 10 9 8 7 6 5 4 3 2 1

색상1

색상2

겨울에는 고요함이 이 나라를 감싸고 있습니다. 얼어붙은 호수, 광활한 풍경, 사색에 잠기게 하는 정적—이 모든 것이 일상에 차분한 배경이 되어줍니다.

이맘때면 그냥 뜨개만 하고 싶어요. 환한 난롯가에서 차분하게 한 코 한 코 뜨고, 장작이 타들어가는 소리를 들으며 장작을 하나씩 추가하면서 저는 배색뜨기의 세계로 빠져듭니다. 크리스마스 즈음에는 보통 제가 오랫동안 해보고 싶었던 꿈의 프로젝트, 특별한 무언가를 뜨기 시작합니다. 그러면 카디건 뜨개, 사프란을 넣어 구운 빵, 가문비나무 화환으로 채워진 겨울은 느린 속도로 흘러갑니다.

어느 날 우리는 머리부터 발끝까지 따뜻하게 껴입고 킥슬레드를 타고 빌링엔 호수로 스키 여행을 떠날지도 모릅니다. 킥슬레드에 핫초콜릿과 양가죽 담요를 싣고 호수 위를 달립니다. 발밑에서 눈이 뽀드득뽀드득 부서지고 굴뚝에서 연기가 피어오릅니다.

집에 돌아와서는 새 카디건을 뜨기 시작합니다. 이것이 바로 겨울에 필요한 것입니다.

리스Wreath

화환은 시작도 끝도 없습니다. 그 모양은 무한함을 품고 있습니다. 화환은 명예와 인정을 상징할 뿐 아니라, 하늘에서 태양의 궤적과 영생을 상징하기도 합니다. 어쩌면 여러분은 성탄을 준비하는 대림절 기간에 문에 걸어둘 화환을 만들고 계실지도 모르겠네요. 저는 이 카디건의 요크에 들어간 무늬의 베이스이기도 한 클래식한 상록수를 좋아합니다.

리스 겨울 카디건은 크리스마스 파티나 반짝반짝한 눈 위를 걷는 데 안성맞춤이에요. 소매는 꼬아고무뜨기로 뜨며, 라트비안 브레이드 장식이 있어 더욱 특별해 보입니다.

실: 이스텍스의 레틀로피(아이슬란드 울 100%, 50g=100m)
게이지: 5mm(US 8) 바늘로 메리야스뜨기 10×10cm=18코×24단
사이즈: XS (S) M (L) XL (2XL) 3XL (4XL)
가슴둘레: 85 (94) 98 (107) 120 (134) 143 (156)cm
총길이: 55 (55.5) 59 (60) 63 (64.5) 66.5 (68)cm
소매 길이: 44 (45) 47 (49) 51 (52) 52 (52)cm
실 소요량:
색상1 라이트애시 헤더Light Ash Heather(no. 10054): 350 (400) 450 (500) (500) 550 (600) (600)g
색상2 파인그린 헤더Pine Green Heather(no. 11407): 150 (150) 150 (150) 150 (150) 200 (200)g
장갑바늘: 4.5mm(US 7)·5mm(US 8)
줄바늘: 4.5mm(US 7)·5mm(US 8) 80cm 길이
부자재: 단추(지름 15mm) 10개, 안전핀, 장식 밴드 (선택사항)
난이도: 상
구조: 몸판과 소매는 각각 아래에서 위로 원통뜨기한 후 하나의 줄바늘에 모두 옮겨 연결합니다. 그다음에 요크는 배색단을 뜨고 코줄임하며, 되돌아뜨기로 뒷목을 뜬 다음 넥밴드를 뜹니다. 마지막으로 단추여밈단을 뜬 후 앞판의 스틱을 잘라 카디건의 트임을 만듭니다(니팅스쿨 160쪽 참고). 밑단과 넥밴드는 앞뒤로 편물을 뒤집어가며 뜨는 것을 주의합니다.
기법: 스틱 코는 라트비안 브레이드 1단과 결합되기 때문에 색상1과 색상2를 번갈아 가며 코를 만드는 것을 추천합니다.
꼬아뜨기로 겉뜨기1=코의 뒷가닥에 겉뜨기한다.
꼬아뜨기로 안뜨기1=코의 뒷가닥에 안뜨기한다.
M1L 코늘림=왼쪽으로 기울어지게 1코 코늘림한다. 163쪽 니팅스쿨 참고.
M1R 코늘림=오른쪽으로 기울어지게 1코 코늘림한다. 163쪽 니팅스쿨 참고.

몸판

4.5mm 줄바늘과 색상2 실을 사용해서: 145 (161) 173 (189) 213 (233) 249 (273)코 만든다.

다음과 같이 편물을 앞뒤로 뒤집어가며 꼬아고무뜨기한다:

1단(안면): *꼬아뜨기로 안뜨기1, 겉뜨기1*, 1코 남을 때까지 *~*을 반복한다. 꼬아뜨기로 안뜨기1.

2단(겉면): *꼬아뜨기로 겉뜨기1, 안뜨기1*, 1코 남을 때까지 *~*을 반복한다. 꼬아뜨기로 겉뜨기1.

3단(안면): *꼬아뜨기로 안뜨기1, 겉뜨기1*, 1코 남을 때까지 *~*을 반복한다. 꼬아뜨기로 안뜨기1.

고무뜨기단이 5cm가 될 때까지 2~3단을 반복한다.

주의: 안면 단으로 고무뜨기단을 마무리한다.

라트비안 브레이드

원통으로 이어 라트비안 브레이드(니팅스쿨 164쪽 참고)를 시작한다. 주의: 스틱 코는 라트비안 브레이드가 아닌 메리야스뜨기로 작업한다.

1단(겉면): 5mm 줄바늘과 색상2 실을 사용해서 겉뜨기1, *색상1 실로 겉뜨기1, 색상2 실로 겉뜨기1*, *~*을 단 끝까지 반복한다. 더블 트위스티드 루프 기법(니팅스쿨 164쪽 동영상 링크 참고)으로 스틱 5코 만든다. 스틱 코는 또한 단의 시작과 끝을 표시하는 '표시링' 역할을 한다. (주의: 스틱 코는 카디건의 총 콧수에 포함되지 않으며, 스틱 코에서는 코늘림이나 코줄임을 하지 않는다.) 계속해서 원통으로 작업한다.

2단: 색상2 실로 안뜨기1, *색상1 실로 안뜨기1, 색상2 실로 안뜨기1*, *~*을 끝까지 반복한다. 주의: 진행할 때 2가지 실 모두 편물 앞에서 잡는다. 색상을 바꿀 때 새 실은 방금 뜬 실 아래로 지나가야 한다.

3단: 색상2 실로 안뜨기1, *색상1 실로 안뜨기1, 색상2 실로 안뜨기1*, *~*을 끝까지 반복한다. 주의: 진행할 때 2가지 실 모두 편물 앞에서 잡는다. 색상을 바꿀 때 새 실은 방금 뜬 실 위로 지나가야 한다.

계속해서, 몸판

색상1 실을 사용해서: 겉뜨기로 1단 뜬다.

겉뜨기하는데 동시에 단 전체에 고르게 분배해 8 (8) 4 (4) 4 (8) 8 (8)코 코늘림한다. 총 153 (169) 177 (193) 217 (241) 257 (281)코.

계속해서 몸판 편물이 25 (26) 27 (28) 29 (30) 31 (32)cm 혹은 원하는 길이가 될 때까지 메리야스뜨기(원통뜨기일 때 모든 단 겉뜨기)한다. 쉼코로 둔다.

소매

4.5mm 장갑바늘과 색상2 실을 사용해서: 40 (40) 40 (40) 40 (44) 44 (44)코 만든다.

원통으로 꼬아고무뜨기(꼬아뜨기로 겉뜨기1, 안뜨기1)로 5cm 작업한다.

라트비안 브레이드

1단: 5mm 장갑바늘을 사용해서, *색상2 실로 겉뜨기1, 색상1 실로 겉뜨기1*, *~*을 단 끝까지 반복한다.

2단: *색상2 실로 안뜨기1, 색상1 실로 안뜨기1*, *~*을 단 끝까지 반복한다. 주의: 진행할 때 2가지 실 모두 편물 앞에서 잡는다. 색상을 바꿀 때 새 실은 방금 뜬 실 아래로 지나가야 한다.

3단: *색상2 실로 안뜨기1, 색상1 실로 안뜨기1*, *~*을 단 끝까지 반복한다. 주의: 진행할 때 2가지 실 모두 편물 앞에서 잡는다. 색상을 바꿀 때 새 실은 방금 뜬 실 위로 지나가야 한다.

색상1 실을 사용해서: 겉뜨기로 1단 뜬다. 표시링을 걸어 단 시작을 표시한다. 계속해서 메리야스뜨기하는데 동시에 단 전체에 고르게 분배해 8 (8) 8 (8) 8 (4) 4 (4)코 코늘림한다. 총 48 (48) 48 (48) 48 (48) 48 (48)코.

색상1 실을 사용해서: 겉뜨기로 14단 뜬다.

코늘림 단: *겉뜨기1, M1L 코늘림(기법 참고), 1코 남을 때까지 겉뜨기한다, M1R 코늘림(기법 참고), 겉뜨기1.

코늘림 없이 겉뜨기로 19 (13) 9 (7) 5 (3) 3 (3)단 뜬다.*

*~*를 총 2 (4) 6 (10) 14 (18) 21 (23)회 반복한다. 총 52 (56) 60 (68) 76 (84) 90 (94)코.

소매 편물이 44 (45) 47 (49) 51 (52) 52 (52)cm 혹은 원하는 길이가 될 때까지 겉뜨기한다.

다음 단: 4 (5) 5 (6) 7 (7) 8 (8)코 남을 때까지 겉뜨기한다. 다음 8 (10) 10 (12) 14 (14) 16 (16)코를 안전핀에 옮겨 쉼코로 둔다(=진동 코).

실을 자르고 소매의 남은 44 (46) 50 (56) 62 (70) 74 (78)코를 안전핀에 옮겨 쉼코로 둔다. 두 번째 소매도 동일한 방법으로 뜬다.

몸판과 소매 연결하기

계속해서 원통으로 메리야스뜨기한다.

5mm 줄바늘과 색상1 실을 사용해서: 오른쪽 앞판 34 (37) 39 (42) 47 (53) 56 (62)코를 겉뜨기한다. 다음 8 (10) 10 (12) 14 (14) 16 (16)코를 안전핀에 옮겨 쉼코로 둔다. 오른쪽 소매 44 (46) 50 (56) 62 (70) 74 (78)코를 겉뜨기한다. 뒤판 69 (75) 79 (85) 95 (107) 113 (125)코를 겉뜨기한다. 다음 8 (10) 10 (12) 14 (14) 16 (16)코를 안전핀에 옮겨 쉼코로 둔다. 왼쪽 소매 44 (46) 50 (56) 62 (70) 74 (78)코를 겉뜨기한다. 왼쪽 앞판 34 (37) 39 (42) 47 (53) 56 (62)코를 겉뜨기한다. 바늘에 총 225 (241) 257 (281) 313 (353) 373 (405)코 있다.

겉뜨기로 1단 뜬다.

다음 단, XS, S, M, 2XL: 겉뜨기한다. L, XL, 3XL, 4XL: 고르게 분배해서 8 (8) 4 (4)코 코줄임한다. 총 225 (241) 257 (273) 305 (353) 369 (401)코.

요크

겉뜨기로 11 (12) 13 (14) 16 (17) 18 (19)단 뜬다.

코줄임 1단: 겉뜨기1, *겉뜨기6, 왼코줄임*, *~*을 단 끝까지 반복한다. 총 197 (211) 225 (239) 267 (309) 323 (351)코. 겉뜨기로 5단 뜬다.

코줄임 2단, XS, M, 2XL: 겉뜨기7, *왼코줄임, 겉뜨기12*, *~*를 8코 남을 때까지 반복한다, 왼코줄임, 겉뜨기6. 총 183 (–) 209 (–) – (287) – (–)코.

코줄임 2단, S, L, XL, 3XL, 4XL: 겉뜨기7, *왼코줄임, 겉뜨기12*, *~*를 8코 남을 때까지 반복한다. 겉뜨기8. 총 – (197) – (223) 249 (–) 301 (327)코. 겉뜨기로 1단 뜬다.

무늬도안을 참고해서 배색무늬 1~12단을 뜨는데, 매 단 무늬도안을 오른쪽에서 왼쪽으로 읽는다. 각 단에서 2~7 (1~6) 1~6 (6~11) 5~10 (4~9) 3~8 (2~7)번 코를 총 14 (15) 16 (18) 20 (23) 24 (26)회 반복한다. 그다음에 8~22 (7~23) 7~23 (12~18) 11~19 (10~20) 9~21 (8~22)번 코를 총 1회 반복한다. 마지막으로 단의 남은 부분에서는 23~28 (24~29) 24~29 (19~24) 21~26 (22~27) 22~27 (23~28)번 코를 반복한다.

겉뜨기로 1단 작업하는데 동시에 0 (1) 0 (1) 1 (0) 1 (1)코 코줄임한다. 총 183 (196) 209 (222) 248 (287) 300 (326)코.

코줄임 3단: 겉뜨기2, *왼코줄임, 겉뜨기11*, *~*을 12코 남을 때까지 반복한다, 왼코줄임, 겉뜨기10.

겉뜨기로 2단 뜬다.

코줄임 4단: 겉뜨기3, *왼코줄임, 겉뜨기4*, *~*를 4코 남을 때까지 반복한다, 왼코줄임, 겉뜨기2.

겉뜨기로 5단 뜬다.

코줄임 5단: 겉뜨기3, *왼코줄임, 겉뜨기3*, *~*을 3코 남을 때까지 반복한다, 왼코줄임, 겉뜨기1.

겉뜨기로 2단 뜬다.

코줄임 6단: 겉뜨기2, *왼코줄임, 겉뜨기2*, *~*를 3코 남을 때까지 반복한다, 왼코줄임, 겉뜨기1. 총 85 (91) 97 (103) 115 (133) 139 (151)코.

뒷목 되돌아뜨기

162쪽의 되돌아뜨기와 랩앤턴에 대해 읽는다. 이제 편물을 앞뒤로 뒤집어가며 겉뜨기와 안뜨기로 되돌아뜨기 단을 뜨면서 메리야스뜨기할 것이다: 겉뜨기56 (60) 64 (68) 76 (88) 92 (100), 랩앤턴. 안뜨기28 (30) 32 (34) 38 (44) 46 (50), 랩앤턴. *마지막 되돌아뜨기 4코 전까지 겉뜨기한다, 랩앤턴. 마지막 되돌아뜨기 4코 전까지 안뜨기한다, 랩앤턴*.

*~*을 총 2 (2) 3 (3) 4 (4) 5 (5)회 반복한다. 그다음에 단 끝까지 겉뜨기하는데 동시에 니팅스쿨의 설명을 참고해서 되돌아뜨기 코를 만나면 정리한다. 겉뜨기로 1단 뜨면서 남은 되돌아뜨기 코가 있으면 정리한다.

넥밴드

겉뜨기로 1단 뜨는데 동시에 단 전체에 고르게 분배해 4 (2) 4 (2) 2 (12) 14 (22)코 코줄임한다. 총 81 (89) 93 (101) 113 (121) 125 (129)코.

라트비안 브레이드

1단: 5mm 줄바늘과 색상2 실을 사용해서 겉뜨기1, *색상1 실로 겉뜨기1, 색상2 실로 겉뜨기1*, *~*을 단 끝까지 반복한다.

2단: 색상2 실로 안뜨기1, *색상1 실로 안뜨기1, 색상2 실로 안뜨기1*, *~*을 단 끝까지 반복한다. 주의: 진행할 때 2가지 실 모두 편물 앞에서 잡는다. 색상을 바꿀 때 새 실은 방금 뜬 실 아래로 지나가야 한다.

3단: 색상2 실로 안뜨기1, *색상1 실로 안뜨기1, 색상2 실로 안뜨기1*, *~*을 단 끝까지 반복한다. 주의: 진행할 때 2가지 실 모두 편물 앞에서 잡는다. 색상을 바꿀 때 새 실은 방금 뜬 실 위로 지나가야 한다.

계속해서, 넥밴드

4.5mm 줄바늘로 바꿔 앞판 가운데 스틱 5코를 코막음한다.
편물을 앞뒤로 뒤집어가며 꼬아고무뜨기로 작업한다:

1단(겉면): 겉뜨기한다.

2단(안면): *꼬아뜨기로 안뜨기1, 겉뜨기1*, 1코 남을 때까지 *~*을 반복한다. 꼬아뜨기로 안뜨기1.

3단(겉면): *꼬아뜨기로 겉뜨기1, 안뜨기1*, 1코 남을 때까지 *~*을 반복한다. 꼬아뜨기로 겉뜨기1.

4단(안면): *꼬아뜨기로 안뜨기1, 겉뜨기1*, 1코 남을 때까지 *~*을 반복한다. 꼬아뜨기로 안뜨기1.

고무뜨기단이 4cm가 될 때까지 3~4단을 반복한다. 안면 단으로 마무리한다.

코줄임 단: *꼬아뜨기로 겉뜨기1, 안뜨기1, 꼬아뜨기로 왼코줄임*, *~*을 19 (21) 22 (24) 27 (29) 30 (31)회 반복하고 끝까지 꼬아고무뜨기하면서 마무리한다.

소매와 몸판 진동 연결하기

4.5mm 장갑바늘을 사용해서: 소매와 몸판 진동 아래쪽 코를 바늘 3개를 이용한 코막음 기법(니팅스쿨 164쪽 참고)으로 연결한다. 실끝을 정리한다.

단추여밈단

왼쪽 단추여밈단

4.5mm 줄바늘과 색상2 실을 사용해서(겉면): 위쪽에서 시작해서 왼쪽 앞판 가장자리를 따라 코줍기한다. 가장자리를 유연하게 만들기 위해, 앞판 가장자리의 3단에 2코 줍는다(*2코 줍는다, 3번째 코는 건너뛴다*, *~*를 반복한다). 반드시 홀수 코를 줍는다.
이제 꼬아고무뜨기로 작업한다:

1단(안면): *꼬아뜨기로 안뜨기1, 겉뜨기1*, 1코 남을 때까지 *~*을 반복한다. 꼬아뜨기로 안뜨기1.

2단(겉면): *꼬아뜨기로 겉뜨기1, 안뜨기1*, 1코 남을 때까지 *~*을 반복한다. 꼬아뜨기로 겉뜨기1.

3단(안면): *꼬아뜨기로 안뜨기1, 겉뜨기1*, 1코 남을 때까지 *~*을 반복한다. 꼬아뜨기로 안뜨기1.

2~3단을 총 4회 반복한다(총 9단).
고무뜨기하면서 코막음한다.

오른쪽 단추여밈단

4.5mm 줄바늘과 색상2 실을 사용해서(겉면): 아래쪽에서 시작해서 오른쪽 앞판 가장자리를 따라 코줍기한다. 왼쪽 단추여밈단과 동일한 콧수를 줍는다. 단 전체에 고르게 분배해 바늘에 10개의 단춧구멍을 표시하는 표시링을 건다. (각 단춧구멍은 2코에 걸쳐 만든다.)
왼쪽 단추여밈단의 설명을 참고해서 3단까지 꼬아고무뜨기로 작업한다.

4단(단춧구멍 1단, 겉면): 첫 단춧구멍까지 고무뜨기로 작업한다. 다음과 같이 작업한다: *2코 코막음한다. 계속해서 다음 단춧구멍까지 앞에서 해온 방식대로 꼬아고무뜨기한다*. 모든 단춧구멍을 작업할 때까지 *~*를 반복한다. 단 끝까지 꼬아고무뜨기로 작업한다.

5단(단춧구멍 2단, 안면): 첫 단춧구멍까지 꼬아고무뜨기로 작업한다. 다음과 같이 마무리한다: *더블 트위스티드 루프 기법으로 2코 만든다. 계속해서 다음 단춧구멍까지 앞에서 해온 방식대로 꼬아고무뜨기한다*. 모든 단춧구멍을 마무리할 때까지 *~*를 반복한다. 단 끝까지 꼬아고무뜨기로 작업한다.

꼬아고무뜨기로 4단 더 뜨고 고무뜨기하면서 코막음한다.

스틱 자르기

니팅스쿨 160쪽을 참고한다. 가운데 스틱 코 양쪽을 재봉실을 써서 손바느질로 박음질해 솔기를 강화한다. 조심스럽게 가운데 스틱 코의 중심을 잘라 카디건의 트임을 만든다. (잘린 가장자리는 안면으로 말릴 것이다.)

마무리

실끝을 정리한다. 니팅스쿨 161쪽 지시사항을 참고해 카디건을 조심스럽게 블로킹한다. 단춧구멍의 위치에 맞춰 반대편에 단추를 단다. 잘린 가장자리는 장식 밴드를 꿰매 안면에 숨기거나 가장자리를 접어서 안면에 보이지 않게 꿰맨다(니팅스쿨 160~161쪽 참고).

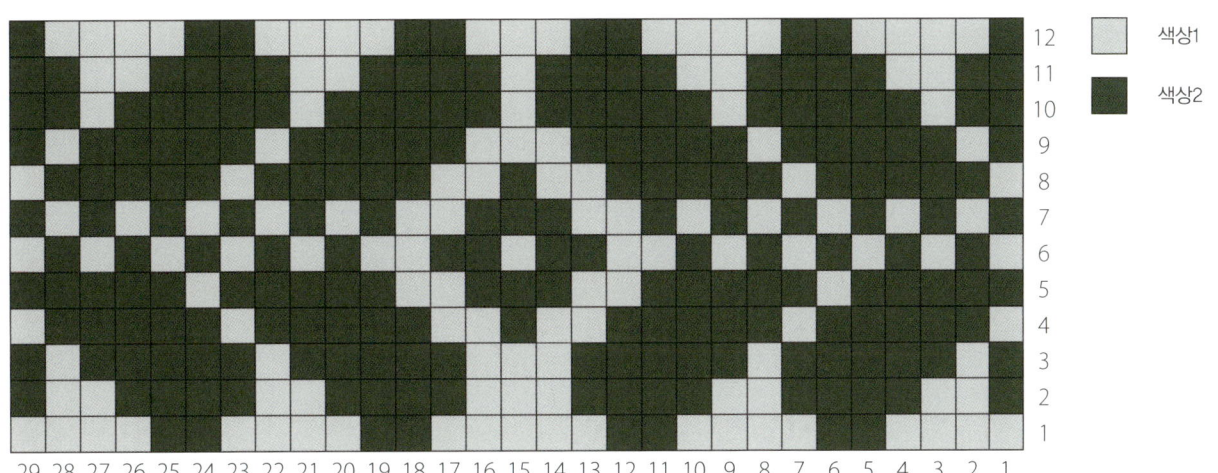

색상1

색상2

베르그슬라겐에서의
크리스마스Christmas in Bergslagen

저는 어린 시절 자란 마을인 굴드스메드휘탄에서 여러 번의 크리스마스를 보냈습니다. 로스발렌 호수가 얼어붙으면 오래된 광산 마을에 평화로운 고요함이 찾아옵니다. 교회가 웅장하게 서 있고, 베르그스고르덴 농장의 창문에서는 환한 불빛이 새어 나옵니다. 집에서는 아빠가 불을 피우고, 주철 난로가 아늑하게 타닥거리는 가운데 오래된 벽시계가 차분하게 똑딱거립니다. 엄마는 할머니가 어렸을 때 선물로 받은 아름다운 도자기 크리스마스 천사를 꺼내지요. 이것이 바로 베르그슬라겐에서 크리스마스를 축하하는 방법입니다. 많은 노력 없이 조용하고 편안하게.

베르그슬라겐에서의 크리스마스 카디건은 성탄절을 기념하며 입기에 적당한 짧은 드레스 카디건입니다. 크고 돋보이는 단추로 더욱 근사하게 만들 수 있습니다. 저는 이 카디건을 위해 빨간색 빈티지 단추를 아껴뒀어요

실: 예르보의 스벤스크 울 3합(스웨덴 울 100%, 100g=180m)
게이지: 4mm(US 6) 바늘로 메리야스뜨기 10×10cm=21코×28단
사이즈: XS (S) M (L) XL (2XL) 3XL (4XL)
가슴둘레: 80 (88) 96 (104) 116 (128) 140 (152)cm
총길이: 38 (40) 42 (45) 48 (53) 57 (60)cm
소매 길이: 15 (15) 15 (16) 16 (17) 17 (17)cm
실 소요량:
색상1 와사 크리스프Wasa Crisp(no. 59021): 250 (250) 300 (350) 350 (350) 450 (550)g
색상2 링곤베리 잼Lingonberry Jam(no. 59018): 100 (100) 100 (100) 100 (100) 100 (100)g
장갑바늘: 3.5mm(US 4)·4mm(US 6)
줄바늘: 3.5mm(US 4)·4mm(US 6), 60cm 길이
부자재: 단추(지름 25mm) 5개, 표시링 4개, 안전핀
난이도: 상
구조: 허리길이의 이 카디건은 아래에서 위로 하나의 편물로 원통뜨기로 뜹니다. 몸판 아래쪽에 배색무늬 단이 있고, 짧은 소매가 있습니다. 마지막으로 단추여밈단을 뜬 후 앞판의 스틱을 잘라 카디건의 틈을 만듭니다(니팅스쿨 160쪽 참고).
기법:
M1L 코늘림=왼쪽으로 기울어지게 1코 코늘림한다. 163쪽 니팅스쿨 참고.
M1R 코늘림=오른쪽으로 기울어지게 1코 코늘림한다. 163쪽 니팅스쿨 참고.
꼬아뜨기로 안뜨기2코모아뜨기=2개의 꼬인 안뜨기 코를 함께 뜬다. 즉 2코를 겉뜨기하듯이 걸러뜨기한다. 걸러뜨기한 코를 왼손 바늘로 옮기고 뒷가닥에 바늘을 넣어 함께 안뜨기한다.
표시링 옮긴다=표시링을 왼손 바늘에서 오른손 바늘로 옮긴다. 니팅스쿨 163쪽 참고.
안뜨기 단에서 래글런 코줄임=표시링 3코 전까지 뜬다. 꼬아뜨기로 안뜨기2코모아뜨기, 안뜨기1, 표시링 옮긴다, 안뜨기1, 안뜨기2코모아뜨기*, *~*를 3회 더 반복한다. 8코 줄어듦.

몸판

3.5mm 줄바늘과 색상1 실을 사용해서: 169 (181) 193 (217) 229 (265) 289 (313)코 만든다.

앞뒤로 편물을 뒤집어가며 다음과 같이 고무뜨기한다:

1단(안면): *안뜨기1, 겉뜨기1*, 1코 남을 때까지 *~*을 반복한다, 안뜨기1.
2단(겉면): *겉뜨기1, 안뜨기1*, 1코 남을 때까지 *~*을 반복한다, 겉뜨기1.
3단(안면): *안뜨기1, 겉뜨기1*, 1코 남을 때까지 *~*을 반복한다, 안뜨기1.
고무뜨기단이 4cm가 될 때까지 2~3단을 반복한다. 주의: 고무뜨기단을 안면 단으로 마무리한다.

이제부터 몸판은 원통으로 메리야스뜨기(모든 단 겉뜨기)한다.

4mm 줄바늘을 사용해서: 단 끝까지 겉뜨기한다. 더블 트위스티드 루프 기법(니팅스쿨 164쪽의 동영상 링크 참고)으로 스틱 5코 만든다. 스틱 코는 또한 단의 시작과 끝을 표시하는 '표시링' 역할을 한다. (주의: 스틱 코는 카디건의 총 콧수에 포함되지 않으며, 스틱 코에서는 코늘림이나 코줄임을 하지 않는다.)

겉뜨기로 1단 뜬다.

무늬도안을 참고해서 배색무늬 1~27단을 뜨는데, 무늬도안을 오른쪽에서 왼쪽으로 읽는다. 각 사이즈별로 다음과 같이 뜬다. XS: 1~24번 코를 총 7회 반복한다, 1번 코 뜬다 (S: 19~24번 코 뜬다, 1~24번 코를 총 7회 반복한다, 1~7번 코 뜬다) M: 1~24번 코를 총 8회 반복한다, 1번 코 뜬다 (L: 1~24번 코를 총 9회 반복한다, 1번 코 뜬다) XL: 19~24번 코 뜬다, 1~24번 코를 총 9회 반복한다, 1~7번 코 뜬다 (2XL: 1~24번 코를 총 11회 반복한다, 1번 코 뜬다) 3XL: 1~24번 코를 총 12회 반복한다, 1번 코 뜬다 (4XL: 1~24번 코를 총 13회 반복한다, 1번 코 뜬다).

색상1 실을 사용해서: 겉뜨기로 2단 뜬다.

다음 단 XS, M, XL: 고르게 분배해서 4 (–) 4 (–) 2 (–) – (–)코 코늘림한다.
L, 2XL, 3XL, 4XL: 고르게 분배해서 4코 코줄임한다. 총 173 (181) 197 (213) 231 (261) 285 (309)코. 주의: S사이즈는 코늘림/코줄임하지 않는다.

계속해서 몸판 편물이 24 (25) 25 (26) 26 (28) 29 (31)cm 혹은 원하는 길이가 될 때까지 겉뜨기한다. 몸판 코를 쉼코로 둔다.

소매

3.5mm 장갑바늘과 색상1 실을 사용해서: 48 (50) 56 (62) 72 (82) 92 (102)코 만든다.

원통으로 고무뜨기(겉뜨기1, 안뜨기1)로 4cm 작업한다. 표시링을 걸어 단 시작을 표시한다.

4mm 장갑바늘로 바꿔 원통으로 메리야스뜨기(모든 단 겉뜨기)하는데, 동시에 단 전체에 고르게 분배해 10 (10) 10 (10) 10 (10) 10 (10)코 코늘림한다. 총 58 (60) 66 (72) 82 (92) 102 (112)코.

겉뜨기로 2단 뜬다.

코늘림 단: *겉뜨기1, M1L 코늘림(기법 참고), 1코 남을 때까지 겉뜨기한다, M1R 코늘림(기법 참고), 겉뜨기1.
겉뜨기로 2단 뜬다*.
*~*를 5회 반복한다. 총 68 (70) 76 (82) 92 (102) 112 (122)코.

소매 편물이 15 (15) 15 (16) 16 (17) 17 (17)cm 혹은 원하는 길이가 될 때까지 겉뜨기한다

다음 단: 3 (4) 4 (5) 5 (6) 7 (8)코 남을 때까지 겉뜨기한다. 다음 6 (8) 8 (10) 10 (12) 12 (14)코를 안전핀에 옮겨 쉼코로 둔다(=진동 코).

실을 자르고, 남은 소매 62 (62) 68 (72) 82 (90) 100 (108)코를 안전핀에 옮겨 쉼코로 둔다. 두 번째 소매도 동일한 방법으로 뜬다.

몸판과 소매 연결하기

계속해서 원통으로 메리야스뜨기한다.

5mm 줄바늘과 색상1 실을 사용해서: 오른쪽 앞판 40 (41) 45 (48) 52 (59) 64 (69)코를 겉뜨기한다. 표시링을 걸고(니팅스쿨 163쪽 참고) 다음 6 (8) 8 (10) 10 (12) 14 (16)코를 안전핀에 옮겨 쉼코로 둔다. 오른쪽 소매 62 (62) 68 (72) 82 (90) 100 (108)코를 겉뜨기하고 표시링 건다. 뒤판 81 (83) 91 (97) 107 (119) 129 (139)코를 겉뜨기한다. 표시링을 걸고 다음 6 (8) 8 (10) 10 (12) 14 (16)코를 안전핀에 옮겨 쉼코로 둔다. 왼쪽 소매 62 (62) 68 (72) 82 (90) 100 (108)코를 겉뜨기하고 표시링 건다. 왼쪽 앞판 40 (41) 45 (49) 53 (60) 65 (70)코를 겉뜨기한다. 바늘에 총 285 (289) 317 (337) 375 (417) 457 (493)코 있다.

겉뜨기로 2 (3) 3 (4) 4 (4) 5 (5)단 작업한다.

래글런 코줄임

코줄임 단, 래글런: *표시링 3코 전까지 겉뜨기한다, 왼코줄임, 겉뜨기1, 표시링 옮긴다(기법 참고), 겉뜨기1, 겉뜨기하듯이 1코 걸러뜨기, 겉뜨기1, 겉뜨기한 코를 걸러뜨기한 코 위로 덮어씌운다*. *~*를 3회 더 반복한다. 8코 줄어듦.

이 코줄임을 2단마다 총 10 (10) 12 (13) 15 (16) 18 (18)회 반복하고, 매 단 8 (8) 9 (10) 10 (13) 14 (15)회 반복한다. 총 141 (145) 149 (153) 175 (185) 201 (229)코. 주의: 마지막 코줄임 단은 다음과 같이 뜬다: 스틱 코 8 (9) 10 (11) 12 (13) 14 (15)코 전까지 겉뜨기한다. 다음 섹션을 참고해 네크라인 코막음한다.

네크라인

21 (23) 25 (27) 29 (31) 33 (35)코 코막음한다(주의: 이 콧수는 넥밴드 모양 만들기에 결합돼 코막음한 스틱 5코를 포함한다). 총 125 (127) 129 (131) 151 (159) 163 (199)코.

이제 요크의 남은 코는 앞뒤로 뒤집어가며 메리야스뜨기한다.

계속해서 매 단 래글런 코줄임한다. (안면 단에서 래글런 코줄임할 때는 128쪽 기법을 참고한다.)

동시에, 다음과 같이 점진적으로 네크라인 모양을 만든다:

1단과 2단: 단 시작에서 4코 코막음한다. 총 101 (103) 105 (107) 127 (135) 139 (175)코.
3단과 4단: 단 시작에서 3코 코막음한다. 총 79 (81) 83 (85) 105 (113) 117 (153)코.
5단과 6단: 단 시작에서 2 (2) 2 (2) 2 (3) 3 (3)코 코막음한다. 총 59 (61) 63 (65) 85 (91) 95 (131)코.
7단과 8단: 단 시작에서 1 (1) 1 (1) 2 (2) 2 (2)코 코막음한다. 총 41 (43) 45 (47) 65 (71) 75 (111)코.
9단과 10단: 단 시작에서 1 (1) 1 (1) 2 (2) 2 (2)코 코막음한다. 총 23 (25) 27 (29) 43 (51) 55 (79)코.

이제 XS~L사이즈 래글런 코줄임과 네크라인이 완성되었다.

XL, 2XL, 3XL, 4XL: 11단과 12단 시작에서, 1코 코막음한다. 주의: 12단에서 XL사이즈는 래글런 코줄임하지 않는다. 총 – (–) – (–) 33 (33) 37 (73)코.

이제 XL~3XL사이즈 래글런 코줄임과 네크라인이 완성되었다.

4XL: 13단과 14단 시작에서 1코 코막음한다. 총 – (–) – (–) – (–) – (55)코.

총 23 (25) 27 (29) 33 (33) 37 (55)코 바늘에 남아 있다.

넥밴드

편물의 겉면이 보이는 상태에서 3.5mm 줄바늘과 색상1 실을 사용해서: 오른쪽 앞판 네크라인 가장자리를 따라 16 (17) 18 (19) 21 (21) 26 (30)코 줍는다. 남아 있는 네크라인 코를 겉뜨기하고 왼쪽 앞판 네크라인 가장자리를 따라 16 (17) 18 (19) 21 (21) 26 (30)코 줍는다. 총 55 (59) 63 (67) 75 (75) 89 (115)코.

편물을 앞뒤로 뒤집어가며 뜬다:

1단(안면): *안뜨기1, 겉뜨기1*, 1코 남을 때까지 *~*을 반복한다, 안뜨기1.
2단(겉면): *겉뜨기1, 안뜨기1*, 1코 남을 때까지 *~*을 반복한다, 겉뜨기1.
3단(안면): *안뜨기1, 겉뜨기1*, 1코 남을 때까지 *~*을 반복한다, 안뜨기1.
2~3단을 총 4회 반복한다. 안면 단으로 마무리한다.

고무뜨기하면서 느슨하게 코막음한다.

단추여밈단

왼쪽 단추여밈단

3.5mm 줄바늘과 색상1 실을 사용해서(겉면): 위쪽에서 시작해서 왼쪽 앞판 가장자리를 따라 코줍기한다. 가장자리를 유연하게 만들기 위해, 앞판 가장자리의 3단에 2코 줍는다(*2코 줍는다, 3번째 코는 건너뛴다*, *~*를 반복한다). 반드시 홀수 콧수를 줍는다.

이제 고무뜨기로 작업한다:

1단(안면): *안뜨기1, 겉뜨기1*, 1코 남을 때까지 *~*을 반복한다, 안뜨기1.
2단(겉면): *겉뜨기1, 안뜨기1*, 1코 남을 때까지 *~*을 반복한다, 겉뜨기1.
3단(안면): *안뜨기1, 겉뜨기1*, 1코 남을 때까지 *~*을 반복한다, 안뜨기1.
2~3단을 총 5회 반복한다(총 11단).
고무뜨기하면서 코막음한다.

오른쪽 단추여밈단

3.5mm 줄바늘과 색상1 실을 사용해서(겉면): 아래쪽에서 시작해서 오른쪽 앞판 가장자리를 따라 코줍기한다. 반드시 왼쪽과 동일한 콧수를 줍는다. 단 전체에 고르게 분배해 바늘에 5개의 단춧구멍을 표시하는 표시링을 건다. (각 단춧구멍은 3코에 걸쳐 만든다.)

왼쪽 단추여밈단의 설명을 참고해서 5단까지 고무뜨기로 작업한다.

6단(단춧구멍 1단, 겉면): 첫 단춧구멍까지 고무뜨기로 작업한다. 그다음에 다음과 같이 작업한다: *3코 코막음한다. 계속해서 다음 단춧구멍까지 앞에서 해온 방식대로 고무뜨기한다*. 모든 단춧구멍을 완성할 때까지 *~*를 반복한다, 단 끝까지 고무뜨기한다.

7단(단춧구멍 2단, 안면): 첫 단춧구멍까지 고무뜨기로 작업한다. 다음과 같이 마무리한다: *더블 트위스티드 루프 기법으로 3코 만든다. 계속해서 다음 단춧구멍까지 앞에서 해온 방식대로 고무뜨기한다*. 모든 단춧구멍을 완성할 때까지 *~*를 반복한다, 단 끝까지 고무뜨기한다.

고무뜨기로 4단 더 뜨고 고무뜨기하면서 코막음한다.

스틱 자르기

니팅스쿨 160쪽을 참고한다. 가운데 스틱 코 양쪽을 재봉실을 써서 손바느질해 솔기를 강화한다. 조심스럽게 가운데 스틱 코의 중심을 잘라 카디건의 트임을 만든다. (잘린 가장자리는 안면으로 말릴 것이다.)

마무리

메리야스잇기 기법으로 진동의 구멍을 꿰맨다. 실끝을 정리한다. 니팅스쿨 161쪽 지시사항을 참고해 카디건을 조심스럽게 블로킹한다. 잘린 가장자리는 장식 밴드를 꿰매 안면에 숨기거나 가장자리를 접어서 안면에 보이지 않게 꿰맨다(니팅스쿨 160~161쪽 참고).

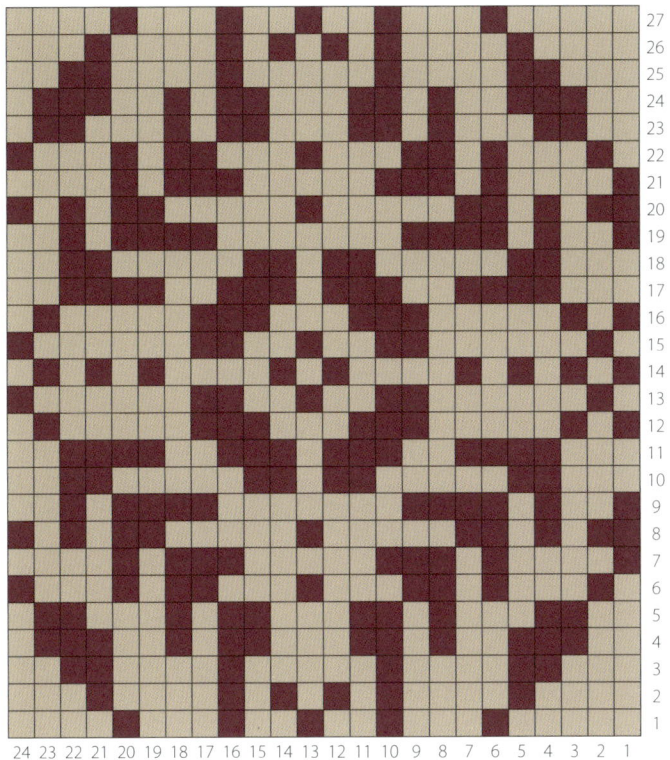

27
26
25
24
23
22
21
20
19
18
17
16
15
14
13
12
11
10
9
8
7
6
5
4
3
2
1

24 23 22 21 20 19 18 17 16 15 14 13 12 11 10 9 8 7 6 5 4 3 2 1

■ 색상1

■ 색상2

주얼리 Jewellery

주얼리 카디건은 니트 의류도 일종의 주얼리라는 생각에서 탄생했습니다. 저는 부모님 모두 금세공인이라 일상에서 항상 주얼리 공예를 접할 수 있는 가정에서 자랐거든요. 주얼리는 착용 가능한 예술입니다. 심장 가까이에 지닐 수 있죠. 주얼리를 착용하면 지나간 시간을 회상할 수도 있고, 더 멋지게 차려입은 기분이 들기도 해요.

저에게는 카디건도 마찬가지입니다. 카디건은 같은 종류의 마법을 지니고 있습니다. 특히 이 주얼리 카디건에는 진주목걸이처럼 목 주변을 장식하는 레이스 니트 요크가 있습니다. 이 카디건에 사용한 실은 방적되지 않은 실인데, 이런 실로 작업할 때는 조심스럽게 다루어야 합니다. 뜰 때 실을 너무 세게 당기지 않도록 주의하세요. 그러나 실이 끊어져도 손쉽게 수선할 수 있습니다: 손을 적셔 실끝을 서로 겹쳐서 다시 비틀어주세요.

실: 이스텍스의 플뢰툴로피(아이슬란드 울 100%, 100g=300m)
게이지: 4mm(US 6) 바늘로 메리야스뜨기 10×10cm=19코×26단
사이즈: S (M) L (XL) 2XL
가슴둘레: 100 (108) 116 (124) 132cm
총길이: 50 (52) 54 (57) 60cm
소매 길이: 39 (40) 41 (41) 42cm
실 소요량: 아이보리 베이지Ivory Beige(no. 1038): 300 (300) 350 (400) 500g
장갑바늘: 3.5mm(US 4)·4mm(US 6)
줄바늘: 3.5mm(US 4)·4mm(US 6) 80cm 길이
부자재: 안전핀, 단추(지름 15mm) 11개, 장식 밴드 (선택사항)
난이도: 상
구조: 요크에 레이스무늬가 있는 이 카디건은 위에서 아래로 내려가며 원통뜨기합니다. 요크를 완성하면, 뒤판에서 되돌아뜨기해서 뒷목을 높여줍니다. 그다음에 몸판과 소매를 뜹니다. 단추여밈단을 뜬 후 마지막으로 앞판의 스틱을 잘라 카디건의 트임을 만듭니다(니팅스쿨 160쪽 참고) 밑단과 넥밴드는 편물을 앞뒤로 뒤집어가며 뜨는 것을 주의하세요.

요크

넥밴드

3.5mm 줄바늘을 사용해서: 107 (109) 111 (111) 113코 만든다.

1단(안면): 안뜨기1, *겉뜨기1, 안뜨기1*, *~*을 단 끝까지 반복한다.

2단(겉면): 겉뜨기1, *안뜨기1, 겉뜨기1*, *~*을 단 끝까지 반복한다.

3단(안면): 안뜨기1, *겉뜨기1, 안뜨기1*, *~*을 단 끝까지 반복한다.

고무뜨기단이 4cm가 될 때까지 2~3단을 반복한다.

이제부터 편물은 원통뜨기로 작업한다.

4mm 줄바늘로 바꾼다: 겉뜨기하는데 동시에 단 전체에 고르게 분배해 1 (8) 15 (15) 22코 코늘림한다. 총 108 (117) 126 (126) 135코.

더블 트위스티드 루프 기법(니팅스쿨 164쪽의 동영상 링크 참고)으로 스틱 5코 만든다. 스틱 코는 또한 단의 시작과 끝을 표시하는 '표시링' 역할을 한다. (주의: 스틱 코는 카디건의 총 콧수에 포함되지 않으며, 스틱 코에서는 코늘림이나 코줄임을 하지 않는다.)

무늬도안을 참고해서 2~30단을 뜨는데 도안에 지시된 대로 코늘림한다(무늬도안의 8번 코에서 시작하고, 매 단 무늬도안을 오른쪽에서 왼쪽으로 읽는다). 총 276 (299) 322 (322) 344코.

요크 편물이 네크라인에서 25 (26) 27 (27) 28cm가 될 때까지 메리야스뜨기(원통뜨기일 때 모든 단 겉뜨기)한다.

소매 분리

겉뜨기40 (43) 48 (48) 51(=왼쪽 앞판), 왼쪽 소매 58 (64) 66 (66) 70코를 안전핀에 옮겨 쉼코로 둔다. 더블 트위스티드 루프 기법으로 왼쪽 진동 8 (8) 8 (12) 12코를 만든다. 표시링A 건다(니팅스쿨 163쪽 참고). 더블 트위스티드 루프 기법으로 8 (8) 8 (12) 12코를 더 만든다. 겉뜨기80 (85) 94 (94) 102(=뒤판), 오른쪽 소매 58 (64) 66 (66) 70코를 안전핀에 옮겨 쉼코로 둔다. 더블 트위스티드 루프 기법으로 오른쪽 진동 8 (8) 8 (12) 12코를 만든다. 표시링B 건다. 더블 트위스티드 루프 기법으로 8 (8) 8 (12) 12코를 더 만든다. 남은 40 (43) 48 (48) 51코를 겉뜨기한다(=오른쪽 앞판). 이제 바늘에 총 192 (203) 222 (238) 252코 있어야 한다.

몸판

되돌아뜨기로 몸판을 시작한다. 162쪽의 되돌아뜨기와 랩앤턴에 대해 읽는다.

되돌아뜨기 1단(겉면): 표시링B까지 겉뜨기한다. 랩앤턴.

되돌아뜨기 2단(안면): 표시링A까지 안뜨기한다. 랩앤턴.

되돌아뜨기 3단(겉면): 되돌아뜨기 코까지 겉뜨기한다. 되돌아뜨기 코와 다음 코를 함께 겉뜨기한다. 랩앤턴.

되돌아뜨기 4단: 되돌아뜨기 코까지 안뜨기한다. 되돌아뜨기 코와 다음 코를 함께 안뜨기한다. 랩앤턴.

3~4단을 4회 더 반복한다(되돌아뜨기 총 12단을 작업했다). 단의 남은 부분을 겉뜨기한다.

계속해서 몸판이 진동에서 23 (24) 25 (28) 30cm가 될 때까지 메리야스뜨기(원통뜨기일 때 모든 단 겉뜨기)한다.

겉뜨기로 1단 더 뜨는데 1 (0) 1 (1) 1코 코줄임한다. 총 191 (203) 221 (237) 251코.

겉뜨기로 1단 더 뜨는데 단 끝에서 스틱 5코 코막음한다.

3.5mm 줄바늘로 바꿔 밑단을 앞뒤로 뒤집어가며 고무뜨기한다.

1단(겉면): 겉뜨기1, *안뜨기1, 겉뜨기1*, *~*을 단 끝까지 반복한다.

2단(안면): 안뜨기1, *겉뜨기1, 안뜨기1*, *~*을 단 끝까지 반복한다.

고무뜨기단이 4cm가 될 때까지 1~2단을 반복한다.

고무뜨기하면서 느슨하게 코막음한다.

소매

소매 58 (64) 66 (66) 70코를 4mm 장갑바늘에 나눈다. 진동 중심 왼쪽에서 시작해 10 (9) 10 (11) 11코 줍는다. 소매 58 (64) 66 (66) 70코를 겉뜨기한다. 진동 중심 오른쪽에서 10 (9) 10 (11) 11코 더 줍는데, 중심에서 끝낸다. 총 78

(82) 86 (86) 92코. 표시링을 걸어 단 시작을 표시하고 원통으로 메리야스뜨기(모든 단 겉뜨기)한다.

소매 편물이 진동에서 36 (37) 38 (38) 39cm가 될 때까지 겉뜨기한다.

코줄임 단: *왼코줄임*, *~*을 2 (2) 2 (2) 0코 남을 때까지 반복한다. 겉뜨기2 (2) 2 (2) 0. 총 40 (42) 44 (44) 46코.

3.5mm 줄바늘로 바꿔 원통으로 고무뜨기(겉뜨기1, 안뜨기1)로 4cm 작업한다. 고무뜨기하면서 느슨하게 코막음한다. 두 번째 소매를 동일한 방법으로 뜬다.

단추여밈단

왼쪽 단추여밈단

4mm 줄바늘을 사용해서(겉면): 위쪽에서 시작해서 왼쪽 앞판 가장자리를 따라서 코줍기한다. 가장자리를 유연하게 유지하기 위해, 4단에 3코 줍는다(*3코 줍는다. 4번째 코는 건너뛴다*, *~*를 반복한다). 콧수는 반드시 홀수로 줍는다.

이제 고무뜨기로 작업한다:

1단(안면): *안뜨기1, 겉뜨기1*, *~*을 1코 남을 때까지 반복한다. 안뜨기1.

2단(겉면): *겉뜨기1, 안뜨기1*, *~*을 1코 남을 때까지 반복한다. 겉뜨기1.

3단(안면): *안뜨기1, 겉뜨기1*, *~*을 1코 남을 때까지 반복한다. 안뜨기1.

2~3단을 총 3회 반복한다. 고무뜨기하면서 코막음한다.

오른쪽 단추여밈단

4mm 줄바늘을 사용해서(겉면): 아래쪽에서 시작해서 오른쪽 앞판 가장자리를 따라서 코줍기한다. 왼쪽 가장자리와 동일한 콧수를 줍는다. 가장자리를 따라 고르게 분배해 11개의 표시링을 바늘에 걸어 단춧구멍을 표시한다(각 단춧구멍은 2코에 걸쳐 만든다).

3단까지 왼쪽 단추여밈단 지시사항을 따라서 고무뜨기한다.

4단(단춧구멍 1단, 겉면): 첫 단춧구멍까지 고무뜨기한다. 그다음에 다음과 같이 진행한다: *바늘비우기, 왼코줄임, 계속해서 다음 단춧구멍까지 앞에서 해온 방식대로 고무뜨기한다*. 모든 단춧구멍을 완성할 때까지 *~*를 반복하고 단 끝까지 고무뜨기한다.

5단(단춧구멍 2단, 안면): 앞에서 해온 방식대로 단 끝까지 고무뜨기한다.

고무뜨기로 2단 더 뜬 다음 고무뜨기하면서 코막음한다.

스틱 자르기

니팅스쿨 160쪽을 참고한다. 가운데 스틱 코 양쪽을 재봉실을 써서 손바느질로 박음질해 솔기를 강화한다. 조심스럽게 가운데 스틱 코의 중심을 잘라 카디건의 트임을 만든다. (잘린 가장자리는 안면으로 말릴 것이다.)

마무리

실끝을 정리한다. 니팅스쿨 161쪽 지시사항을 참고해 카디건을 조심스럽게 블로킹한다. 단춧구멍의 위치에 맞춰 반대편에 단추를 단다. 잘린 가장자리는 장식 밴드를 꿰매 안면에 숨기거나 가장자리를 접어서 안면에 보이지 않게 꿰맨다(니팅스쿨 160~161쪽 참고).

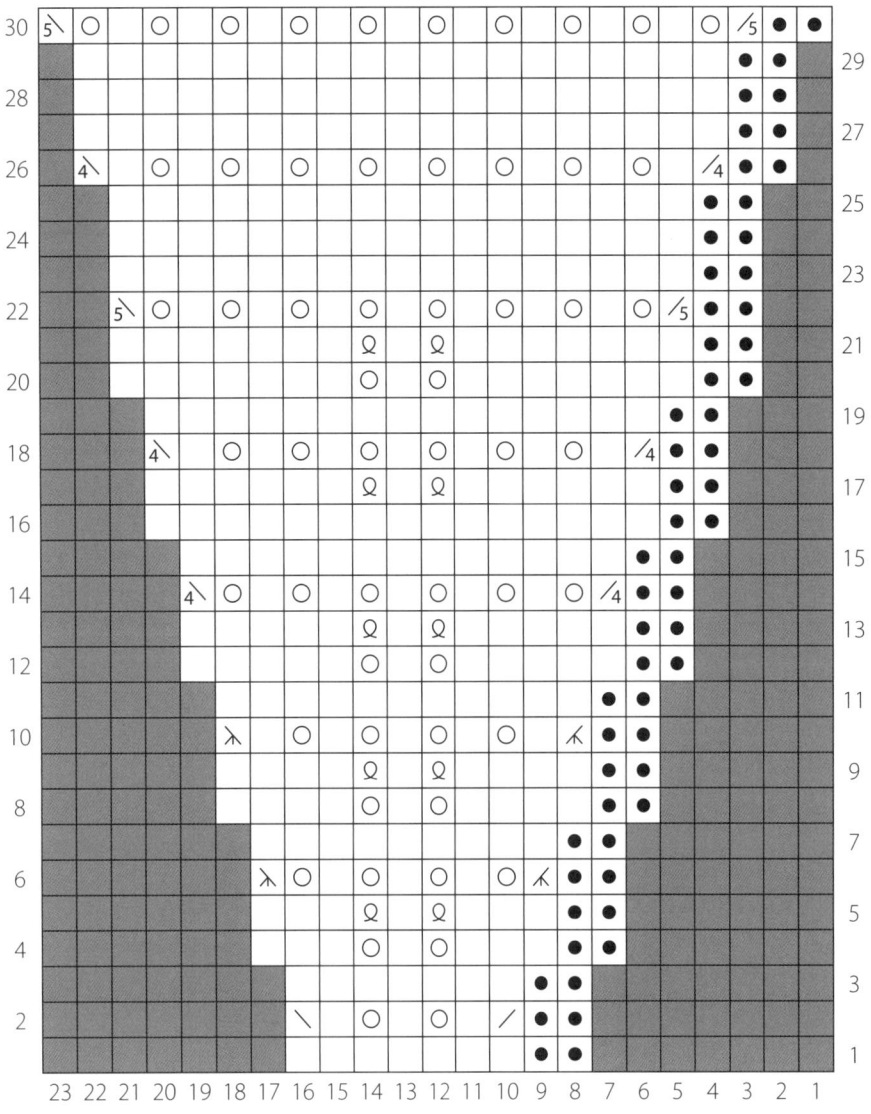

=겉뜨기

● =안뜨기

／ =왼코줄임(겉뜨기2코모아뜨기)

＼ =오른코줄임(1코걸러뜨기, 겉뜨기1, 걸러뜨기한 코를 겉뜨기한 코 위로 덮어씌우기)

○ =바늘비우기

Ω =바늘비우기 코를 꼬아뜨기로 겉뜨기

人 =겉뜨기3코모아뜨기

人 =2코걸러뜨기, 겉뜨기1, 걸러뜨기한 코를 겉뜨기한 코 위로 덮어씌우기

／4 =겉뜨기4코모아뜨기

4＼ =3코걸러뜨기, 겉뜨기1, 걸러뜨기한 코를 겉뜨기한 코 위로 덮어씌우기

／5 =겉뜨기5코모아뜨기

5＼ =4코걸러뜨기, 겉뜨기2, 걸러뜨기한 코를 겉뜨기한 코 위로 덮어씌우기

=코 없음

스카디 Skathi

겨울

스카디Skathi(Skade)는 고대 북유럽 신화에 나오는 사냥과 스키의 여신입니다. 스카디는 산속의 집에 살며 활과 화살로 사냥을 합니다. 전설에 따르면 그녀는 잠시 바다의 신 뇨르드와 결혼했다고 합니다. 하지만 결혼 생활은 그리 행복하지 않았어요. 뇨르드는 바다와 갈매기를, 스카디는 산과 늑대를 그리워했기 때문에 그녀는 집으로 돌아와 아버지의 영지에서 혼자 살게 되었죠. 저는 스카디가 산속에서 스키 타는 모습을 상상하는 것을 좋아합니다!

스카디 카디건은 하얀 산의 풍경에서 영감을 받아 스카디 여신에게 어울리는 디자인으로 제작되었습니다. 몸판 하단의 케이블 부분과 케이블 소맷단이 특징입니다. 케이블 뜨개를 해본 적이 없다면 스카디와 함께 시작해보세요!

실: 예르보의 2합 울(울 100%, 100g=300m)
게이지: 4mm(US 6) 바늘로 메리야스뜨기 10×10cm=21코×28단
사이즈: S (M) L (XL)
가슴둘레: 90 (100) 110 (120)cm
총길이: 45 (45) 46 (46)cm
소매 길이: 45 (46) 47 (48)cm
실 소요량: 노스탤지어Nostalgia(no. 74103): 300 (350) 400 (450)g
줄바늘: 3.5mm(US 4)·4mm(US 6), 60cm 길이
장갑바늘: 3.5mm(US 4)·4mm(US 6)
부자재: 단추(지름 15mm) 16개, 표시링 12개, 꽈배기바늘, 안전핀
난이도: 상
구조: 이 카디건은 위에서 아래로, 앞뒤로 뒤집어가며 하나의 편물로 솔기 없이 뜹니다. 퍼프소매는 작업을 진행하면서 점차 코늘림하고 코줄임하며 모양을 만듭니다. 단추는 뒤판에 배치됩니다.
기법:
표시링 옮기다=표시링을 왼손 바늘에서 오른손 바늘로 옮긴다. 니팅스쿨 163쪽 참고.
코늘림, 겉면
M1R 코늘림=오른쪽으로 기울어지게 1코 코늘림한다. 163쪽 니팅스쿨 참고.
M1B 코늘림=1단 아래 코에서 1코 코늘림한다. 니팅스쿨 163쪽 참고.
상응하는 코늘림, 안면
M1PR 코늘림=2코 사이의 가닥을 왼손 바늘로 뒤에서 주워 올려 앞가닥에 안뜨기한다.
M1PL 코늘림=2코 사이의 가닥을 왼손 바늘로 앞에서 주워 올려 뒷가닥에 안뜨기한다.
케이블 뜨기
케이블 6코왼쪽=꽈배기바늘에 3코 옮겨 편물 앞에 두고, 겉뜨기3, 꽈배기바늘의 3코를 겉뜨기한다.
케이블 13코왼쪽=꽈배기바늘에 6코 옮겨 편물 앞에 두고, 안뜨기1, 겉뜨기6, 꽈배기바늘의 6코를 겉뜨기한다.
케이블무늬1(무늬는 7코 반복+1코).
1단과 3단(겉면): *안뜨기1, 겉뜨기6*, 1코 남을 때까지 *~*을 반복한다. 안뜨기1.
2단과 4단(안면): 겉뜨기 코는 겉뜨기하고 안뜨기 코는 안뜨기한다
5단: *안뜨기1, 케이블 6코왼쪽*. 1코 남을 때까지 *~*을 반복한다. 안뜨기1.
6단: 2단과 동일하다. 무늬는 1~6단을 반복한다.
케이블무늬2(무늬는 28코 반복+15코).
1, 3, 5, 7, 9단(겉면): *안뜨기1, 겉뜨기6, 안뜨기1, 겉뜨기6*. 1코 남을 때까지 *~*을 반복한다. 안뜨기1.
2, 4, 6, 8, 10단(안면): 겉뜨기 코는 겉뜨기하고 안뜨기 코는 안뜨기한다.
11단: *안뜨기1, 케이블 13코왼쪽, 안뜨기1, 겉뜨기6, 안뜨기1, 겉뜨기6*. *~*을 15코 남을 때까지 반복한다. 안뜨기1, 케이블 13코왼쪽, 안뜨기1.
12단: 2단과 동일하다. 무늬는 1~12단을 반복한다.

요크

케이블 가장자리

주의: 먼저 케이블 가장자리를 세로 편물로 따로 뜨고, 그 가장자리를 따라 코를 주워 요크를 만든다.

4mm 줄바늘을 사용해서: 6코 만든다.

1단(안면): 겉뜨기2, 겉뜨기4.
2단(겉면): 겉뜨기4, 안뜨기2.
3단(안면): 겉뜨기2, 겉뜨기4.
4단: 2코를 꽈배기바늘에 옮겨 편물 뒤에 두고, 겉뜨기2, 꽈배기바늘의 2코를 겉뜨기한다. 안뜨기2.
5단: 겉뜨기2, 겉뜨기4.
2~5단을 총 31회 반복한다.

4mm 줄바늘을 사용해서: 케이블 가장자리를 따라서 요크 코를 줍는다. 편물의 겉면이 보이는 상태에서, 케이블이 아래로 향하도록 두고, (약) 4단에 3코 줍는다. 즉 (약) 4번째 단마다 건너뛴다. 총 93코.

계속해서, 요크

1단(안면): 안뜨기하는데 동시에 다음과 같이 표시링을 건다(니팅스쿨 163쪽 참고): 16/17코 사이=표시링D, 28/29코 사이=표시링C, 65/66코 사이=표시링B, 77/78코 사이=표시링A.

달리 지시사항이 없는 한 계속해서 메리야스뜨기한다. 162쪽의 되돌아뜨기와 랩앤턴에 대해 읽는다.

2단(겉면, 되돌아뜨기): 표시링A까지 겉뜨기한다. 표시링 옮긴다(기법 참고), 겉뜨기6, 랩앤턴.
3단(안면, 되돌아뜨기): 단 끝까지 안뜨기한다. 편물을 뒤집는다.
4단(되돌아뜨기): 표시링B까지 겉뜨기한다. 표시링 옮긴다. 랩앤턴.
5단(되돌아뜨기): 단 끝까지 안뜨기한다.
6단: 단 끝까지 겉뜨기한다.
7단(되돌아뜨기): 표시링D까지 안뜨기한다. 표시링 옮긴다. 안뜨기6. 랩앤턴.
8단(되돌아뜨기): 단 끝까지 겉뜨기한다.
9단(되돌아뜨기): 표시링C까지 안뜨기한다. 표시링 옮긴다. 랩앤턴.
10단(되돌아뜨기): 단 끝까지 겉뜨기한다.
11단: 안뜨기한다.
12단: 겉뜨기한다.
13단: 안뜨기한다.

다음과 같이 래글런 코늘림하면서 퍼프소매 코늘림도 진행한다:

14단: 표시링A 1코 전까지 겉뜨기한다. M1R 코늘림(니팅스쿨 163쪽 참고), 겉뜨기1, 표시링A 옮긴다. 겉뜨기1, M1L 코늘림(니팅스쿨 163쪽 참고), (M1B 코늘림)(니팅스쿨 163쪽 참고)을 10회 반복한다, M1R 코늘림, 겉뜨기1, 표시링B 옮긴다. 겉뜨기1, M1L 코늘림. 표시링C 1코 전까지 겉뜨기한다, M1R 코늘림, 겉뜨기1, 표시링C 옮긴다. 겉뜨기1, M1L 코늘림, (M1B 코늘림)을 10회 반복한다, M1R 코늘림, 겉뜨기1, 표시링D 옮긴다. 겉뜨기1, M1L 코늘림. 단 끝까지 겉뜨기한다. 28코 늘어남. 총 121코.

15단 (S): 안뜨기한다. (M/L/XL): 표시링D 1코 전까지 안뜨기한다. M1PR 코늘림, 안뜨기1, 표시링D 옮긴다. 안뜨기1, M1PL 코늘림. 표시링C 1코 전까지 안뜨기한다, M1PR 코늘림, 안뜨기1, 표시링C 옮긴다. 안뜨기1, M1PL 코늘림. 표시링B 1코 전까지 안뜨기한다, M1PR 코늘림, 안뜨기1, 표시링B 옮긴다. 안뜨기1, M1PL 코늘림. 표시링A 1코 전까지 안뜨기한다, M1PR 코늘림, 안뜨기1, 표시링A 옮긴다. 안뜨기1, M1PL 코늘림. 단 끝까지 안뜨기한다.

16단: 표시링A 1코 전까지 겉뜨기한다, M1R 코늘림, 겉뜨기1, 표시링A 옮긴다, 겉뜨기1, M1L 코늘림, 겉뜨기0 (1) 1 (1), (M1B 코늘림)을 22회 반복한다, 겉뜨기0 (1) 1 (1), M1R 코늘림, 겉뜨기1, 표시링A 옮긴다, 겉뜨기1, M1L 코늘림. 표시링C 1코 전까지 겉뜨기한다, M1R 코늘림, 겉뜨기1, 표시링C 옮긴다, 겉뜨기1, M1L 코늘림, 겉뜨기0 (1) 1 (1), (M1B 코늘림)을 22회 반복한다, 겉뜨기0 (1) 1 (1), M1R 코늘림, 겉뜨기1, 표시링 옮긴다, 겉뜨기1, M1L 코늘림. 단 끝까지 겉뜨기한다. 총 173 (181) 181 (181)코.

17단: 15단과 동일하다.

18단: 표시링A 1코 전까지 겉뜨기한다. M1R 코늘림, 겉뜨기1, 표시링A 옮긴다. 겉뜨기1, M1L 코늘림. 표시링B 1코 전까지 겉뜨기한다. M1R 코늘림, 겉뜨기1, 표시링B 옮긴다. 겉뜨기1, M1L 코늘림. 표시링C 1코 전까지 겉뜨기한다. M1R 코늘림, 겉뜨기1, 표시링C 옮긴다. 겉뜨기1, M1L 코늘림. 표시링D 1코 전까지 겉뜨기한다. M1R 코늘림, 겉뜨기1, 표시링D 옮긴다. 겉뜨기1, M1L 코늘림. 단 끝까지 겉뜨기한다.

19단 (S/M): 안뜨기한다. (L/XL): 표시링D 1코 전까지 안뜨기한다. M1PR 코늘림, 안뜨기1, 표시링D 옮긴다. 안뜨기1, M1PL 코늘림. 표시링C 1코 전까지 안뜨기한다. M1PR 코늘림, 안뜨기1, 표시링C 옮긴다. 안뜨기1, M1PL 코늘림. 표시링B 1코 전까지 안뜨기한다. M1PR 코늘림, 안뜨기1, 표시링B 옮긴다. 안뜨기1, M1PL 코늘림. 표시링A 1코 전까지 안뜨기한다. M1PR 코늘림, 안뜨기1, 표시링A 옮긴다. 안뜨기1, M1PL 코늘림. 단 끝까지 안뜨기한다.

20단: 18단과 동일하다.
21단: 19단과 동일하다.
22단: 18단과 동일하다.
23단: 19단과 동일하다.
24단: 18단과 동일하다.

25단 (S/M/L): 안뜨기한다. (XL): 표시링D 1코 전까지 안뜨기한다. M1PR 코늘림, 안뜨기1, 표시링D 옮긴다. 안뜨기1, M1PL 코늘림. 표시링C 1코 전까지 안뜨기한다. M1PR 코늘림, 안뜨기1, 표시링C 옮긴다. 안뜨기1, M1PL 코늘림. 표시링B 1코 전까지 안뜨기한다. M1PR 코늘림, 안뜨기1, 표시링B 옮긴다. 안뜨기1, M1PL 코늘림. 표시링A 1코 전까지 안뜨기한다. M1PR 코늘림, 안뜨기1, 표시링A 옮긴다. 안뜨기1, M1PL 코늘림. 단 끝까지 안뜨기한다.

26단: 18단과 동일하다.
27단: 25단과 동일하다.
28단: 18단과 동일하다.
29단: 25단과 동일하다.
30단: 18단과 동일하다.
31단: 안뜨기한다.
32단: 18단과 동일하다.

33단: 31단과 동일하게 뜨는데 동시에 다음과 같이 퍼프소매 표시링 8개를 건다. (S): 표시링D에서 세기 시작해 12/13코, 23/24코, 41/42코, 52/53코 사이에 표시링을 건다. 그다음에는 표시링B에서 시작해 동일하게 작업한다. (M): 표시링D에서 세기 시작해 14/15코, 25/26코, 43/44코, 54/55코 사이에 표시링을 건다. 그다음에는 표시링B에서 시작해 동일하게 작업한다. (L): 표시링D에서 세기 시작해 17/18코, 28/29코, 46/47코, 57/58코 사이에 표시링을 건다. 그다음에는 표시링B에서 시작해 동일하게 작업한다. (XL): 표시링D에서 세기 시작해 20/21코, 31/32코, 49/50코, 60/61코 사이에 표시링을 건다. 그다음에는 표시링B에서 시작해 동일하게 작업한다.

모든 사이즈 해당:
계속해서 래글런 코늘림하는데 동시에 다음과 같이 퍼프소매 코줄임한다:

34단: 표시링A 1코 전까지 겉뜨기한다. M1R 코늘림, 겉뜨기1, 표시링A 옮긴다. 겉뜨기1, M1L 코늘림, (퍼프소매 표시링까지 겉뜨기한다, 퍼프소매 표시링 옮긴다, 1코 걸러뜨기, 겉뜨기1, 걸러뜨기한 코를 겉뜨기한 코 위로 덮어씌운다)를 2회 반복한다, (퍼프소매 표시링 2코 전까지 겉뜨기한다, 왼코줄임, 퍼프소매 표시링 옮긴다)를 2회 반복한다. 표시링B 1코 전까지 겉뜨기한다, M1R 코늘림, 겉뜨기1, 표시링B 옮긴다. 겉뜨기1, M1L 코늘림. 표시링C 1코 전까지 겉뜨기한다. M1R 코늘림, 겉뜨기1, 표시링C 옮긴다. 겉뜨기1, M1L 코늘림, (퍼프소매 표시링까지 겉뜨기한다. 퍼프소매 표시링 옮긴다. 1코 걸러뜨기, 겉뜨기1, 걸러뜨기한 코를 겉뜨기한 코 위로 덮어씌운다)를 2회 반복한다, (퍼프소매 표시링 2코 전까지 겉뜨기한다, 왼코줄임, 퍼프소매 표시링 옮긴다)를 2회 반복한다. 표시링D 1코 전까지 겉뜨기한다, M1R 코늘림, 겉뜨기1, 표시링D 옮긴다, 겉뜨기1, M1L 코늘림. 단 끝까지 겉뜨기한다.

35단: 안뜨기한다.

36~45단: 34~35단을 5회 더 반복한다. 총 237 (253) 277 (301)코. 이제 6회의 코줄임 단을 작업했고 퍼프소매 코줄임이 완성되었다. 퍼프소매 표시링을

제거한다.

46단: 18단과 동일하다.

47단: 안뜨기한다.

48단: 18단과 동일하다.

49단: 안뜨기한다. 이제 XL사이즈 래글런 코늘림이 완성되었다. 총 코늘림 수 27. 총 317코.

S/M/L만 해당:

50단: 18단과 동일하다.

51단: 안뜨기한다.

52단: 18단과 동일하다.

53단: 안뜨기한다. 이제 L사이즈 래글런 코늘림이 완성되었다. 총 코늘림 수 26. 총 309코.

S/M만 해당:

54단: 18단과 동일하다.

55단: 안뜨기한다.

56단: 18단과 동일하다.

57단: 안뜨기한다. 이제 M사이즈 래글런 코늘림이 완성되었다. 총 코늘림 수 25. 총 301코.

S사이즈만 해당:

58단: 18단과 동일하다.

59단: 안뜨기한다. 이제 S사이즈 래글런 코늘림이 완성되었다. 총 코늘림 수 24. 총 293코.

모든 사이즈 해당:

아래의 60~61단을 총 4 (7) 10 (13)회 반복하며 몸판 코늘림을 계속한다.

60단: 표시링A 1코 전까지 겉뜨기한다. M1R 코늘림, 겉뜨기1, 표시링A 옮긴다. 표시링B까지 겉뜨기한다. 표시링B 옮긴다, 겉뜨기1, M1L 코늘림, 표시링C 1코 전까지 겉뜨기한다. M1R 코늘림, 겉뜨기1, 표시링C 옮긴다, 표시링D까지 겉뜨기한다. 표시링D 옮긴다, 겉뜨기1, M1L 코늘림. 단 끝까지 겉뜨기한다.

61단: 안뜨기한다.

이제 바늘에 총 309 (329) 349 (369)코 있어야 한다.

몸판과 소매 분리

1단: 겉뜨기45 (48) 52 (56)코(=오른쪽 앞판), 표시링 옮긴다(이제 오른쪽 옆선을 표시한다), 64 (66) 68 (70)코를 안전핀에 옮겨 쉼코로 둔다(=오른쪽 소매), 표시링 제거한다, 겉뜨기91 (101) 109 (117)(=뒤판), 표시링 옮긴다(이제 왼쪽 옆선을 표시한다), 64 (66) 68 (70)코를 안전핀에 옮겨 쉼코로 둔다(=왼쪽 소매), 표시링 제거한다, 겉뜨기45 (48) 52 (56)(=왼쪽 앞판). 총 181 (197) 213 (229)코.

2단: 안뜨기한다.

몸판

몸판 편물이 소매 분리한 곳에서 2cm가 될 때까지 메리야스뜨기한다. 안면 단으로 마무리한다.

이제 몸판 옆선에서 코줄임해서 허리 모양을 만든다:

코줄임 단(겉면): *옆선 표시링 3코 전까지 겉뜨기한다, 1코걸러뜨기, 겉뜨기1, 걸러뜨기한 코를 겉뜨기한 코 위로 덮어씌운다, 겉뜨기1, 표시링 옮긴다, 겉뜨기1, 왼코줄임*. *~*을 1회 더 반복한다, 단 끝까지 겉뜨기한다. 4코 줄어듦.

계속해서 메리야스뜨기하는데 코줄임 단을 6단마다 0 (0) 1 (2)회, 8단마다 3 (4) 3 (2)회, 10단마다 1 (0) 0 (0)회 반복한다. 총 161 (177) 193 (209)코. 계속해서 몸판 편물이 소매 분리한 곳에서 14 (14) 15 (15)cm가 될 때까지 뜬다. 안면 단으로 마무리한다.

코늘림 단: 단 전체에 고르게 분배해 22 (6) 18 (2)코 코늘림한다. 총 183 (183) 211 (211)코.

안뜨기로 1단 뜬다.

케이블 섹션

케이블무늬1을 참고해서, 1~6단을 총 4회 뜬다(기법 참고).

케이블무늬2를 참고해서, 1~12단을 총 2회 뜬다(기법 참고).

1단(겉면): *안뜨기1, 겉뜨기6*, 1코 남을 때까지 *~*을 반복한다, 안뜨기1.

2단(안면): *겉뜨기1, 안뜨기6*, 1코 남을 때까지 *~*을 반복한다, 겉뜨기1.

1~2단을 5회 더 반복한다. 총 12단.

고무뜨기 밑단

고무뜨기단: *안뜨기1, 겉뜨기2, 안뜨기2, 겉뜨기2*. 1코 남을 때까지 *~*를 반복한다, 안뜨기1.

밑단 편물이 4cm가 될 때까지 고무뜨기단을 반복한다. 안면 단으로 마무리힌다.

고무뜨기 무늬대로 뜨면서 코막음한다.

소매

한쪽 소매 64 (66) 68 (70)코를 4mm 장갑바늘에 가능한 한 균등하게 나눈다. 실을 연결해서 진동 중심 왼쪽에서 1코 줍는다. 소매 64 (66) 68 (70)코를 겉뜨기한다. 진동 중심 오른쪽에서 1코 더 줍는다. 표시링을 걸어 단 시작을 표시한다. 총 66 (68) 70 (72)코.

소매 편물이 36 (37) 38 (39)cm가 될 때까지 겉뜨기한다. **S**: 다음 단에서 고르게 분배해 4코 코늘림한다. 총 70코. **M**: 다음 단에서 고르게 분배해 2코 코늘림한다. 총 70코. **L**: 코줄임이나 코늘림 없이 겉뜨기로 1단 뜬다. 총 70코. **XL**: 다음 단에서 고르게 분배해 2코 코줄임한다. 총 70코.

케이블 소맷단

1단과 3단(겉면): *안뜨기1, 겉뜨기6*, *~*을 단 끝까지 반복한다.

2단과 4단: 겉뜨기 코에서 겉뜨기하고 안뜨기 코에서 안뜨기한다.

5단: *안뜨기1, 케이블 6코왼쪽 *, *~*을 단 끝까지 반복한다.

6단: 2단과 동일하다.

1~6단을, 총 6회 반복한다

겉뜨기하면서 느슨하게 코막음한다.

두 번째 소매도 동일한 방법으로 뜬다.

단추여밈단

왼쪽 단추여밈단

3.5mm 줄바늘을 사용해서(겉면): 위쪽에서 시작해서 왼쪽 앞판 가장자리를 따라 130코 코줍기한다. 가장자리를 유연하게 만들기 위해, 앞판 가장자리의 4단에 3코 줍는다(*3코 줍는다, 4번째 코는 건너뛴다*, *~*를 반복한다).

1단(안면): *안뜨기2, 겉뜨기2*, 2코 남을 때까지 *~*를 반복한다, 안뜨기2.

2단(겉면): *겉뜨기2, 안뜨기2*, 2코 남을 때까지 *~*를 반복한다, 겉뜨기2.

3단(안면): *안뜨기2, 겉뜨기2*, 2코 남을 때까지 *~*를 반복한다, 안뜨기2.

1~2단을 2회 더 반복한다. 총 7단 떴다. 고무뜨기하면서 코막음한다.

오른쪽 단추여밈단

3.5mm 줄바늘을 사용해서(겉면): 아래쪽에서 시작해서 오른쪽 앞판 가장자리를 따라 130코 코줍기한다.

1단(안면): *안뜨기2, 겉뜨기2*, 2코 남을 때까지 *~*를 반복한다, 안뜨기2.

2단(겉면): *겉뜨기2, 안뜨기2*, 2코 남을 때까지 *~*를 반복한다, 겉뜨기2.

3단(안면): *안뜨기2, 겉뜨기2*, 2코 남을 때까지 *~*를 반복한다, 안뜨기2.

4단(단춧구멍 1단): *겉뜨기2, 안뜨기2, 겉뜨기2, 바늘비우기, 왼코줄임*. *~*을 2코 남을 때까지 반복한다, 겉뜨기2. 이제 총 16개의 단춧구멍이 만들어졌다.

5단(단춧구멍 2단, 안면): *안뜨기2, 겉뜨기2*, *~*를 2코 남을 때까지 반복한다, 안뜨기2.

1~2단을 1회 더 반복한다. 총 7단 떴다. 고무뜨기하면서 코막음한다.

마무리

실끝을 정리한다. 니팅스쿨 161쪽 지시사항을 참고해 카디건을 조심스럽게 블로킹한다. 단춧구멍의 위치에 맞춰 반대편에 단추를 단다.

실루엣Silhouette

실루엣은 일 년 중 가장 추운 계절에 껴입기 좋은 부드럽고 따뜻한 레이어드 아이템입니다. 깔끔한 핏으로 점퍼나 재킷 안에 입을 수 있으며, 온종일 스키를 즐긴 후 저녁에 스키 캐빈에서 착용하기에도 안성맞춤입니다.

실루엣은 울과 실크 혼방 소재로 제작되어, 반짝이는 단추를 선택하고 진주목걸이나 벨벳스커트와 매치하면 고급스럽고 우아하게 연출할 수도 있습니다.

실: 예르보의 라마 실크(소프트 베이비라마 70%, 멀베리 실크 30%, 50g=165m)

게이지: 3.5mm(US 4) 바늘로 메리야스뜨기 10×10cm=26코×37단

사이즈: XS (S) M (L) XL (2XL) 3XL (4XL)

가슴둘레: 84 (92) 100 (108) 118 (128) 138 (150)cm

총길이: 37 (39) 41 (43) 45 (47) 49 (51)cm

소매 길이: 45 (46) 47 (48) 49 (50) 51 (51)cm

실 소요량: 그래파이트 그레이Graphite Grey(no. 12206): 250 (300) 350 (400) 450 (500) 550 (600)g

줄바늘: 3mm(US 2.5)·3.5mm(US 4) 80cm 길이

부자재: 단추(지름 10~15mm) 5개, 안전핀

난이도: 중

구조: 이 카디건은 다섯 조각의 편물로 떠서 옆선에서 솔기를 이어 완성합니다.

기법: M1B 코늘림=1단 아래 코에서 1코 코늘림한다. 니팅스쿨 163쪽 참고.

뒤판

3mm 줄바늘을 사용해서: 106 (118) 126 (138) 150 (162) 174 (186)코 만든다. 편물을 앞뒤로 뒤집어가며 고무뜨기한다.

1단(안면): 겉뜨기2, *안뜨기2, 겉뜨기2*, *~*를 단 끝까지 반복한다.

2단(겉면): 안뜨기2, *겉뜨기2, 안뜨기2*, *~*를 단 끝까지 반복한다.

3단: 겉뜨기2, *안뜨기2, 겉뜨기2*, *~*를 단 끝까지 반복한다.

계속해서 메리야스뜨기(겉면 단에서 겉뜨기 안면 단에서 안뜨기)한다.

3.5mm 줄바늘로 바꿔 첫 단에서 0 (2) 0 (2) 0 (0) 0 (0)코 코줄임한다. 총 106 (116) 126 (136) 150 (162) 174 (186)코.

편물이 8 (9) 9 (10) 10 (10) 10 (10)cm가 될 때까지 작업한다.

안면 단으로 마무리한다.

코늘림 단: 겉뜨기1, M1B 코늘림(기법 참고), 2코 남을 때까지 겉뜨기한다. M1B 코늘림, 겉뜨기1.

코늘림 단을 3cm마다 2회 더 반복한다. 총 112 (122) 132 (142) 156 (168) 180 (192)코.

계속해서 몸판 편물이 18 (19) 20 (21) 21 (22) 22 (23)cm가 될 때까지 메리야스뜨기한다. 안면 단으로 마무리한다.

다음과 같이 옆쪽 가장자리에서 진동 코막음한다: 다음 2단 양쪽 끝에서 5 (6) 6 (7) 7 (7) 7 (7)코 코막음하고, 다음 2단 양쪽 끝에서 3코 코막음한다. 그다음 양쪽 끝에서 2코 코막음을 1 (2) 3 (3) 4 (4) 4 (4)회 반복하고, 마지막으로 양쪽 끝에서 1코 코막음을 3 (2) 3 (4) 4 (4) 4 (4)회 반복한다. 총 86 (92) 96 (102) 112 (124) 136 (148)코.

진동이 17 (18) 19 (20) 21 (22) 23 (24)cm가 될 때까지 뜬다. 안면 단으로 마무리한다.

뒷목과 어깨 모양 만들기:

뒤판 가운데 40 (40) 40 (42) 42 (44) 46 (48)코를 코막음해서 네크라인을 만든다. 이제 다음과 같이 양쪽을 따로 마무리한다:

왼쪽 목과 어깨:

왼쪽 네크라인 2코를 코막음하고 진동이 19 (20) 21 (22) 23 (24) 25 (26)cm가 될 때까지 뜬다. 안면 단으로 마무리한다.

남은 어깨 21 (24) 26 (28) 33 (38) 43 (48)코를 코막음한다.

오른쪽 목과 어깨는 왼쪽과 대칭되게 작업한다.

왼쪽 앞판

가터뜨기 단추여밈단과 함께 고무뜨기 밑단을 뜬다.

3mm 줄바늘을 사용해서: 57 (63) 67 (73) 79 (85) 91 (97)코 만든다.

1단(안면): 겉뜨기5, *안뜨기2, 겉뜨기2*, *~*를 0 (2) 2 (0) 2 (0) 2 (0)코 남을 때까지 반복하는데, 안뜨기0 (2) 2 (0) 2 (0) 2 (0)으로 마무리한다.

2단(겉면): 5코 남을 때까지 앞에서 해온 방식대로 고무뜨기한다. 겉뜨기5.

3단: 겉뜨기5, 앞에서 해온 방식대로 고무뜨기한다. 왼쪽 앞판 편물이 5cm가 될 때까지 2~3단을 반복하는데 안면 단으로 마무리한다.

계속해서 다음과 같이 고무뜨기 위에서는 메리야스뜨기하고, (겉면에서 봤을 때) 왼쪽 가장자리의 단추여밈단에서는 5코 가터뜨기한다: 3.5mm 줄바늘로 바꿔 뜨는데, 첫 단 메리야스뜨기 부분에서 0 (1) 0 (1) 0 (0) 0 (0)코 코줄임한다. 총 57 (62) 67 (72) 79 (85) 91 (97)코.

계속해서 왼쪽 앞판 편물이 8 (9) 9 (10) 10 (10) 10 (10)cm가 될 때까지 단추여밈단은 가터뜨기하고 나머지 부분은 메리야스뜨기한다. 안면 단으로 마무리한다.

코늘림 단: 겉뜨기1, M1B 코늘림, 앞에서 해온 방식대로 메리야스뜨기하고 가터뜨기한다.

코늘림 단을 3cm마다 2회 더 반복해서 뒤판의 모양과 일치시킨다. 총 60 (65) 70 (75) 82 (88) 94 (100)코.

계속해서 왼쪽 앞판 편물이 18 (19) 20 (21) 21 (22) 22 (23)cm가 될 때까지 메리야스뜨기하고 가터뜨기한다. 안면 단으로 마무리한다.

진동 모양 만들기

(겉면에서 봤을 때) 오른쪽 가장자리에서 2단마다 다음과 같이 진동 코막음한다: 5 (6) 6 (7) 7 (7) 7 (7)코 코막음한다.

다음 겉면 단 시작에서 3코 코막음한다.

다음 1 (2) 3 (3) 4 (4) 4 (4)회의 겉면 단 시작에서 2코 코막음한다.

1코 코막음을 3 (2) 3 (4) 4 (4) 4 (4)회 반복한다. 총 47 (50) 52 (55) 60 (66) 72 (78)코.

계속해서 코막음 없이 진동이 9 (10) 11 (12) 13 (14) 15 (16)cm가 될 때까지 진행하고, 안면 단으로 마무리한다.

네크라인 모양 만들기

편물의 겉면이 보이는 상태에서, 마지막 17 (17) 17 (18) 18 (16) 17 (18)코를 겉뜨기하고 안전핀에 옮겨 쉼코로 둔다.

편물을 뒤집어서 다음과 같이 코막음한다: 다음 단 시작에서 3코 코막음하고, 2단마다 단 시작에서 2코 코막음을 2회 하고, 2단마다 단 시작에서 1코 코막음을 2회 한다.

왼쪽 앞판 진동이 19 (20) 21 (22) 23 (24) 25 (26)cm가 될 때까지 뜬다. 안면 단으로 마무리한다.

남은 21 (24) 26 (28) 33 (41) 46 (51)코를 코막음한다. 안전핀을 사용해서 가터뜨기 가장자리에 단추 위치를 표시한다. 가장 아래쪽 단춧구멍은 가장자리에서 2cm, 가장 위쪽 단춧구멍은 네크라인에서 1cm 떨어져 있어야 한다. 다른 3개의 단춧구멍은 이 단춧구멍 사이에 고르게 간격을 띄워 배치한다.

오른쪽 앞판

오른쪽 앞판은 왼쪽과 동일하게, 하지만 모양이 대칭되게 만든다. 즉 가터뜨기 가장자리는 (겉면에서 봤을 때) 오른쪽 가장자리가 되고, 진동 코막음은 왼쪽에서 진행한다. 고무뜨기단과 단추여밈단을 정확하게 배치하려면 다음과 같이 편물을 시작한다:

1단(안면): 안뜨기0 (2) 2 (0) 2 (0) 2 (0), *겉뜨기2, 안뜨기2*, *~*를 5코 남을 때까지 반복한다, 겉뜨기5.

2단(겉면): 겉뜨기5, 앞에서 해온 방식대로 고무뜨기한다.

3단: 5코 남을 때까지 앞에서 해온 방식대로 고무뜨기한다, 겉뜨기5. 주의: 단춧구멍은 (아래의 지시사항을 따라) 왼쪽 앞판에 표시한 단추 표시링 위치에 맞춰 가터뜨기 여밈단에서 만든다.

단춧구멍 단(겉면): 겉뜨기2, 왼코줄임, 바늘비우기, 단 끝까지 앞에서 해온 방식대로 고무뜨기한다.

소매

3mm 줄바늘을 사용해서: 60 (60) 64 (64) 68 (68) 72 (72)코 만든다.

편물을 앞뒤로 뒤집어가며:

1단(안면): 안뜨기1, 겉뜨기2 *안뜨기2, 겉뜨기2*, 1코 남을 때까지 *~*를 반복한다, 안뜨기1.

2단(겉면): 겉뜨기1, 안뜨기2 *겉뜨기2, 안뜨기2*, 1코 남을 때까지 *~*를 반복한다, 겉뜨기1.

3단: 안뜨기1, 겉뜨기2 *안뜨기2, 겉뜨기2*, 1코 남을 때까지 *~*를 반복한다, 안뜨기1.

고무뜨기단이 5cm가 될 때까지 2~3단을 반복하는데, 안면 단으로 마무리한다.

3.5mm 줄바늘로 바꿔 겉뜨기 단으로 시작해서, 소매 편물이 12 (9) 12 (10) 15 (15) 15 (15)cm가 될 때까지 계속해서 메리야스뜨기하는데, 안면 단으로 마무리한다.

코늘림 단(겉면): 겉뜨기1, M1B 코늘림(기법 참고), 2코 남을 때까지 겉뜨기한다, M1B 코늘림, 겉뜨기1.

코늘림 단을 3 (3) 2.5 (2) 2 (2) 2 (2)cm마다 9 (11) 12 (14) 15 (17) 17 (19)회 더 반복한다. 총 80 (84) 90 (94) 100 (104) 108 (112)코.

계속해서 소매 편물이 43 (44) 45 (46) 46 (47) 48 (48)cm가 될 때까지 메리

야스뜨기하는데, 안면 단으로 마무리한다.

다음과 같이 코막음한다: 양쪽 끝에서 4 (4) 5 (5) 6 (6) 6 (6)코 코막음하고, 다음 양쪽 끝에서 3코 코막음한다. 다음 양쪽 끝에서 2코 코막음하고, 다음 양쪽 끝에서 1코 코막음을 9 (10) 11 (12) 13 (14) 14 (14)회 하고, 다음 양쪽 끝에서 2코 코막음하고, 마지막으로 양쪽 끝에서 3코 코막음한다. 그 후에, 남은 34 (36) 38 (40) 42 (44) 48 (52)코를 코막음한다. 두 번째 소매도 동일한 방법으로 뜬다.

마무리

니팅스쿨 161쪽 지시사항을 참고해 카디건을 조심스럽게 블로킹한다. 어깨 솔기를 잇는다.

넥밴드

편물의 겉면이 보이는 상태에서 3mm 줄바늘을 사용해: 쉼코로 두었던 왼쪽 앞판 17 (17) 17 (18) 18 (16) 17 (18)코를 옮긴다. 쉼코로 두었던 오른쪽 앞판 코에 닿을 때까지 네크라인을 따라서 고르게 분배해 94 (94) 96 (96) 96 (104) 106 (104)코 줍는다. 쉼코로 두었던 오른쪽 앞판 17 (17) 17 (18) 18 (16) 17 (18)코를 옮긴다. 그래서 총 128 (128) 130 (132) 132 (136) 140 (140)코가 있다. 겉뜨기로 3단 뜬다. 겉뜨기하면서 느슨하게 코막음한다.

옆선 솔기를 잇는다. 소매 솔기를 잇고, 소매를 몸판 진동에 맞춰 꿰맨다.

실끝을 정리한다. 단춧구멍의 위치에 맞춰 반대편에 5개의 단추를 단다.

앤티스 카디건Auntie's Cardigan

겨울 ─────

제 이모인 아니타의 어린 시절 사진이 있습니다. 다른 두 아이와 함께 나들이를 가는 모습이고 배경에 스트리파 광산의 권양기가 달린 구조물이 탑처럼 우뚝 솟아 있습니다. 사진 속 아니타 이모는 체크무늬 카디건을 입고 있는데, 저는 사진을 보자마자 마음이 끌렸습니다. 저는 그 간단한 체크무늬 패턴을 이리저리 떠보다가 저만의 버전을 만들었습니다. 이 책에 실린 샘플은 허리까지 오는 클래식한 디자인으로, 취향에 따라 더 편한 길이로 늘려서 떠도 좋습니다. 보너스로 소매의 모노그램을 원하는 대로 선택할 수 있는 빈 무늬도안과 알파벳과 숫자 도안이 함께 제공되었습니다. 필요한 글자나 숫자를 그려서 무늬도안B 또는 C의 지시사항대로 뜨기만 하면 됩니다.

실: 예르보의 2합 울(울 100%, 100g=300m)
게이지: 3mm(US 2.5) 바늘로 메리야스뜨기 10×10cm=25코×30단
사이즈: XS (S) M (L) XL (2XL) 3XL
가슴둘레: 87 (96) 105 (115) 125 (134) 143cm
총길이: 42 (43) 45 (46) 48 (51) 53cm
소매 길이: 48 (49) 50 (50) 50 (53) 53cm
실 소요량:
색상1 실버 스트림Silver Stream(no. 74104): 300 (300) 300 (400) 450 (450) 500g
색상2 시어 레드Sheer Red(no. 74121): 100 (100) 100 (150) 150 (150) (200)g
줄바늘: 2.5mm(US 1.5)·3mm(US 2.5) 80cm 길이
장갑바늘: 2.5mm(US 1.5)·3mm(US 2.5)
부자재: 표시링 5개, 안전핀, 단추(지름 10mm) 11개, 장식 밴드 약 1m(선택사항)
난이도: 상
구조: 이 카디건은 아래에서 위로 원통뜨기하는데, 몸판과 소매는 각각 뜬 후 요크에서 하나의 줄바늘에 모두 옮겨 연결합니다. 마지막으로 단추여밈단을 뜬 후 앞판의 스틱을 잘라 카디건의 트임을 만듭니다(니팅스쿨 160쪽 참고). 카디건은 체크무늬로 장식되어 있으며 소매에는 모노그램을 넣었습니다.
총길이 조절하기: 사진의 카디건은 허리길이입니다. 그 대신 보통 길이의 카디건을 만들고 싶다면 원하는 길이로 10cm 정도 더 떠서 몸판을 더 길게 만들 수 있습니다. 카디건을 10cm 더 길게 만들려면 색상1 실은 70~100g, 색상2 실은 25~40g이 추가로 필요합니다.
기법:
M1L 코늘림=왼쪽으로 기울어지게 1코 코늘림한다. 163쪽 니팅스쿨 참고.
M1R 코늘림=오른쪽으로 기울어지게 1코 코늘림한다. 163쪽 니팅스쿨 참고.
래글런 코늘림=래글런 표시링 3코 전까지 겉뜨기한다. 1코 걸러뜨기, 겉뜨기1, 걸러뜨기한 코를 겉뜨기한 코 위로 덮어씌운다. 겉뜨기1, 표시링을 왼손 바늘에서 오른손 바늘로 옮긴다. 겉뜨기1, 왼코줄임. 모든 래글런 표시링에서 반복한다.

몸판

2.5mm 줄바늘과 색상1 실을 사용해서: 217 (241) 265 (289) 313 (337) 361코 만든다.

앞뒤로 편물을 뒤집어가며 고무뜨기한다:

1단(안면): *안뜨기1, 겉뜨기*, 1코 남을 때까지 *~*을 반복한다, 안뜨기1.
2단(겉면): *겉뜨기1, 안뜨기1*, 1코 남을 때까지 *~*을 반복한다, 겉뜨기1.
3단(안면): *안뜨기1, 겉뜨기1*, 1코 남을 때까지 *~*를 반복한다, 안뜨기1.

고무뜨기단이 5cm가 될 때까지 2~3단을 반복한다. 주의: 안면 단에서 고무뜨기로 마무리한다.

첫 단: 3mm 줄바늘을 사용해서 단 끝까지 겉뜨기하고, 더블 트위스티드 루프 기법(니팅스쿨 164쪽의 동영상 링크 참고)을 사용해서 스틱 5코 만든다. 스틱 코는 또한 단의 시작과 끝을 표시하는 '표시링' 역할을 한다. (주의: 스틱 코는 카디건의 총 콧수에 포함되지 않으며, 스틱 코에서는 코늘림이나 코줄임을 하지 않는다.)

이제부터 몸판은 원통으로 메리야스뜨기(모든 단 겉뜨기)한다.

무늬도안A를 참고해서, 오른쪽에서 왼쪽으로 도안을 읽으며, 배색무늬 1~6단을 뜬다(1~6번 코를 1코 남을 때까지 반복한다, 1번 코를 뜬다). 1~6단을 몸판 편물이 26 (26) 27 (28) 30 (32) 34cm 혹은 원하는 길이가 될 때까지 반복한다. 주의: 무늬도안 1단 혹은 4단으로 마무리한다.

몸판과 소매 분리.

다음과 같이 코막음한다: 50 (55) 60 (65) 70 (75) 80코 겉뜨기한다(=오른쪽 앞판), 9 (11) 13 (15) 17 (19) 21코 코막음한다(=진동)(코막음 후에 오른손 바늘에 1코 있다). 98 (108) 118 (128) 138 (148) 158코 겉뜨기한다(=뒤판), 9 (11) 13 (15) 17 (19) 21코 코막음한다(=진동)(코막음 후에 오른손 바늘에 1코 있다), 49 (54) 59 (64) 69 (74) 79코 겉뜨기한다(=왼쪽 앞판). 총 198 (218) 238 (258) 278 (298) 318코.

몸판 코를 안전핀에 옮겨 쉼코로 둔다.

오른쪽 소매

2.5mm 장갑바늘과 색상1 실을 사용해서: 60 (60) 60 (60) 66 (66) 66코 만든다.

원통으로 고무뜨기(겉뜨기1, 안뜨기1)로 5cm 뜬다.

3mm 장갑바늘로 바꿔, 겉뜨기로 1단 뜨는데 동시에 단 전체에 고르게 분배해 0 (0) 0 (0) 6 (6) 6코 코늘림한다. 총 60 (60) 60 (60) 72 (72) 72코.

무늬도안A를 참고해서 배색무늬 1~6단을 뜬다(1~6번 코가 단 끝까지 반복된다). 주의: 표시링을 걸어 단 시작을 표시한다(니팅스쿨 163쪽 참고)—이렇게 하면 무늬가 정확하게 떠지는지 확인하기 더 쉬울 것이다. 주의: 이니셜이나 숫자를 넣을 경우, 다음 단(=무늬도안 섹션의 7단)부터 소매 중앙에 뜬다. 무늬도안B는 22~40 (22~40) 22~40 (22~40) 28~46 (28~46) 28~46번 코에 걸쳐서 뜬다. 이니셜이나 숫자를 넣지 않을 경우, 체크무늬대로 뜬다.

무늬도안A의 1~6단을 1회 더 뜨는데, 원한다면 동시에 무늬도안B를 뜨기 시작한다.

이제 무늬를 계속 뜨면서 동시에 코늘림을 시작하고, 코늘림을 통해 새 코가 추가되면 기존 체크무늬에 통합해야 한다. 주의: 일부 단에서는 무늬도안을 반복하고 남는 코가 생긴다. 따라서 표시링을 시작점으로 삼아 무늬가 양옆으로 퍼져나가도록 하는 것이 중요하다.

코늘림 단: 겉뜨기1, M1L 코늘림(기법 참고), 1코 남을 때까지 겉뜨기한다, M1R 코늘림(기법 참고), 겉뜨기1. 계속해서 무늬대로 메리야스뜨기하고 바늘에 82 (86) 90 (96) 100 (106) 110코 있을 때까지 코늘림 단을 2.5 (2.5) 2.5 (2) 2 (2) 2cm마다 반복한다. 소매 편물이 48 (49) 50 (50) 50 (53) 53cm가 될 때까지 뜨는데, 무늬에 따라 길이를 조절한다. 주의: 다음으로 뜰 단이 몸판에서 떴던 마지막 단(무늬도안에서 1단 혹은 4단)과 일치하도록 6단 혹은 3단으로 마무리한다.

마지막으로, 소매 진동 중심에서 다음과 같이 코막음한다: 4 (5) 6 (7) 8 (9) 10코 코막음한다, 5 (6) 7 (8) 9 (10) 11코 남을 때까지 겉뜨기한다, 5 (6) 7 (8) 9 (10) 11코 코막음한다. 총 73 (75) 77 (81) 83 (87) 89코. 소매 코를 안전핀에

옮겨 쉼코로 둔다.

왼쪽 소매

왼쪽 소매는 오른쪽 소매와 동일하게 뜨는데, 두 소매가 앞에서 봤을 때 똑같아 보이도록 무늬를 대칭되게 뜬다. 모노그램을 넣고 싶다면, 다음의 코에 배치한다: 21~39 (21~39) 21~39 (21~39) 27~45 (27~45) 27~45번 코.

요크

이제 모든 편물을 체크무늬로 함께 뜬다. 주의: 래글런 표시링 전후의 각 4코는 이제부터 색상1 실로 뜬다.

편물의 겉면이 보이는 상태에서 3mm 줄바늘을 사용해서, 이어지는 지시사항을 따라 하나의 줄바늘에 편물들을 모아 함께 뜬다. 동시에 다음과 같이 표시링을 건다: 단 시작에 표시링 건다. 오른쪽 앞판과 오른쪽 소매 사이 무늬가 바뀌는 부분에 래글런 표시링 1개 건다. 오른쪽 소매와 뒤판 사이 무늬가 바뀌는 부분에 래글런 표시링 1개 건다, 뒤판과 왼쪽 소매 사이 무늬가 바뀌는 부분에 래글런 표시링 1개 건다. 왼쪽 소매와 왼쪽 앞판 사이 무늬가 바뀌는 부분에 래글런 표시링 1개 건다.

이제 다음과 같은 콧수가 있을 것이다:
　오른쪽 앞판: 50 (55) 60 (65) 70 (75) 80코.
　오른쪽 소매: 73 (75) 77 (81) 83 (87) 89코.
　뒤판: 99 (109) 119 (129) 139 (149) 159코.
　왼쪽 소매: 73 (75) 77 (81) 83 (87) 89코.
　왼쪽 앞판: 50 (55) 60 (65) 70 (75) 80코.

이제 바늘에 총 345 (369) 393 (421) 445 (473) 497코 있어야 한다.

계속해서 무늬도안A를 참고해서 각 편물들에 이전과 동일한 무늬를 계속 작업한다. 래글런의 콧수를 줄이면서 일부 체크무늬가 점차 사라지도록 한다. 이 작업은 모든 단에 걸쳐 항상 색상1 실로 표시링의 앞뒤 각 4코를 뜨는 방식으로 진행한다. (니팅스쿨 162쪽 배색 참고).

래글런 코줄임: 메리야스뜨기하면서 래글런 코줄임(기법 참고)을 매 단 총 7 (8)

8 (9) 10 (12) 14회 한다. 2단마다 래글런 코줄임을 총 19 (21) 23 (24) 25 (23) 23회 한다. 총 137 (137) 145 (157) 165 (193) 201코.

네크라인 모양 만들기

스틱 코 10 (10) 10 (11) 11 (12) 12코 전까지 겉뜨기하고, 가운데 스틱 5코뿐 아니라 20 (20) 20 (22) 22 (24) 24코 코막음한다—이렇게 네크라인 모양을 만든다.

코막음으로 시작한 단을 계속 진행하고 이번 단에서 이전과 동일한 방식으로 래글런 코줄임한다. 여기서부터 카디건의 남은 부분은 앞뒤로 뒤집어가며 메리야스뜨기한다—계속해서 앞에서 해온 방식대로 체크무늬로 뜬다.

동시에: 네크라인 모양을 만든다.

편물을 뒤집는다, 안뜨기2코모아뜨기, 단 끝까지 안뜨기한다. 계속해서 메리야스뜨기(겉면 단에서 겉뜨기 안면 단에서 안뜨기)한다. 동시에 모든 단 시작에서 다음과 같이 1코 코줄임한다: 겉면 단: 1코걸러뜨기, 겉뜨기1, 겉뜨기한 코를 걸러뜨기한 코 위로 덮어씌운다. 안면 단: 안뜨기2코모아뜨기한다.

편물의 겉면에서, 2단마다 래글런 코줄임을 총 24 (26) 28 (29) 30 (30) 31회한다. (처음에 한 7 (8) 8 (9) 10 (12) 14회 래글런 코줄임은 이 숫자에 포함되지 않는다.) 주의: 마지막 2회의 코줄임 단은 무늬대로 뜨지 않고 색상1 실만 사용해서 뜬다. 래글런 코줄임 마지막 단 후에, 다음과 같이 마지막 안면 단으로 마무리한다: 안뜨기2코모아뜨기, 바늘에 2코 남을 때까지 안뜨기한다. 안뜨기2코모아뜨기. 총 67 (67) 75 (85) 93 (99) 97코.

코를 안전핀에 옮겨 쉼코로 둔다.

단추여밈단

오른쪽 단추여밈단(단춧구멍)

3mm 줄바늘과 색상1 실을 사용해서(겉면): 아래쪽에서 시작해 오른쪽 앞판 가장자리를 따라 116 (116) 118 (120) 124 (128) 132코 줍는다. 주의: 코를 주울 때 4단에 3코 주워서 고르게 간격을 둔다(*3코 줍는다, 4번째 코는 건너뛴다*. *∼*를 반복한다).

겉뜨기로 3단 뜬다.

이제 다음과 같이 단춧구멍을 만든다:

XS, S: 겉뜨기2, *왼코줄임, 바늘비우기, 겉뜨기9*. *∼*를 9회 더 반복한다, 왼코줄임, 바늘비우기, 겉뜨기2.

M: 겉뜨기3, *왼코줄임, 바늘비우기, 겉뜨기9*. *∼*를 9회 더 반복한다, 왼코줄임, 바늘비우기, 겉뜨기3.

L: 겉뜨기4, *왼코줄임, 바늘비우기, 겉뜨기9*. *∼*를 9회 더 반복한다, 왼코줄임, 바늘비우기, 겉뜨기4.

XL: 겉뜨기6, *왼코줄임, 바늘비우기, 겉뜨기9*. *∼*를 9회 더 반복한다, 왼코줄임, 바늘비우기, 겉뜨기6.

2XL: 겉뜨기3, *왼코줄임, 바늘비우기, 겉뜨기10*. *∼*를 9회 더 반복한다, 왼코줄임, 바늘비우기, 겉뜨기3.

3XL: 겉뜨기5, *왼코줄임, 바늘비우기, 겉뜨기10*. *∼*를 9회 더 반복한다, 왼코줄임, 바늘비우기, 겉뜨기5.

겉뜨기로 3단 뜬다.

사용할 때 늘어나지 않는 견고한 가장자리를 만들기 위해, 4번째 코마다 코막음할 때 코줄임한다. 다음과 같이 코막음한다: *3코 코막음한다. 왼코줄임, 코줄임한 코를 코막음한다*. *~*를 모든 코를 코막음할 때까지 반복한다. (주의: 코막음은 이 기법의 어느 단계에서든지 끝날 수 있다.)

왼쪽 단추여밈단

편물의 겉면이 보이는 상태에서 색상1 실을 사용해서(겉면): 위에서 시작해 왼쪽 앞판 가장자리를 따라 116 (116) 118 (120) 124 (128) 132코 줍는다. 겉뜨기로 7단 뜬다.
오른쪽 단추여밈단과 동일한 기법으로 코막음한다.

넥밴드

편물의 겉면이 보이는 상태에서 오른쪽 단추여밈단에서 시작해, 3mm 줄바늘과 색상1 실을 사용해서: 오른쪽 네크라인을 따라서 코줍기한다—*다음 3코에서 1코씩 줍는다, 1코 건너뛴다*, 쉼코로 둔 뒷목에 닿을 때까지 *~*를 반복한다. 겉뜨기로 67 (67) 75 (85) 93 (99) 97코 뜬다, 왼쪽 네크라인을 따라서 오른쪽 네크라인에서 주웠던 코와 동일한 콧수를 줍는다.
앞뒤로 뒤집어가며 겉뜨기로 5단 뜬다. 오른쪽 단추여밈단과 동일한 기법으로 코막음한다.

스틱 자르기

니팅스쿨 160쪽을 참고한다. 가운데 스틱 코 양쪽을 재봉실을 써서 손바느질로 박음질해 솔기를 강화한다. 조심스럽게 가운데 스틱 코의 중심을 잘라 카디건의 트임을 만든다. (잘린 가장자리는 안면으로 말릴 것이다.)

마무리

메리야스잇기 기법으로 몸판과 소매의 진동을 잇는다. 실끝을 정리한다. 니팅스쿨 161쪽 지시사항을 참고해 카디건을 조심스럽게 블로킹한다. 단춧구멍의 위치에 맞춰 반대편에 단추를 단다. 잘린 가장자리는 장식 밴드를 꿰매 안면에 숨기거나 가장자리를 접어서 안면에 보이지 않게 꿰맨다(니팅스쿨 160~161쪽 참고).

무늬도안A

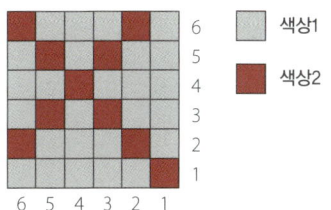

색상1

색상2

무늬도안B

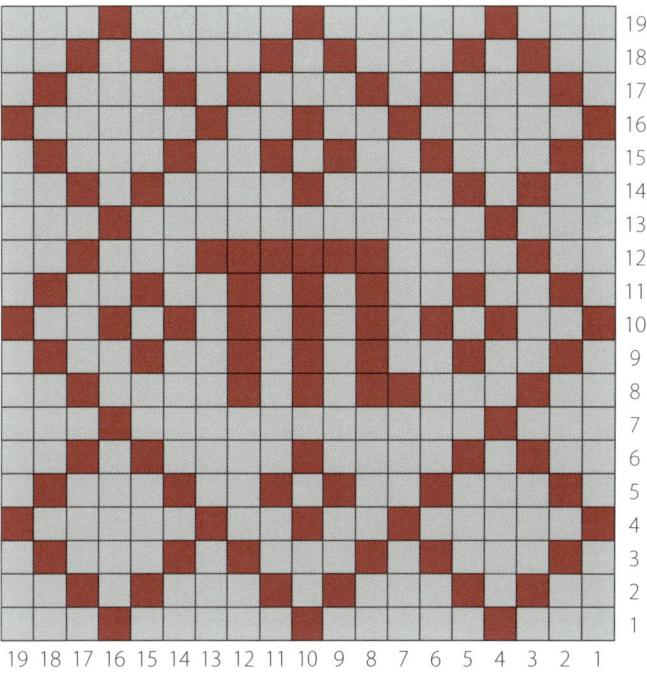

무늬도안C

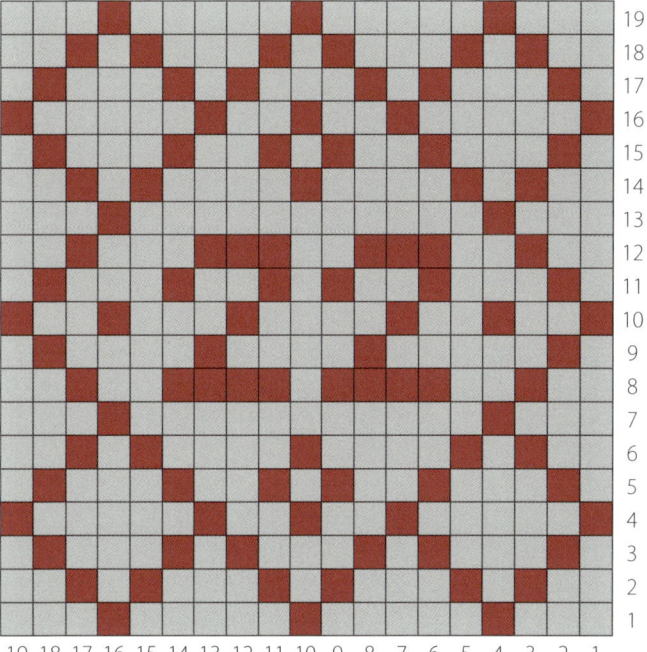

니팅스쿨

카디건 뜨기에 대해

이 책의 카디건
이 책에는 다음과 같은 구조의 카디건이 있습니다:

1. 원통으로 위에서 아래로 뜨는, 요크가 있는 카디건
도안: 미드서머(48쪽), 주얼리(134쪽).

2. 원통으로 아래에서 위로 뜨는, 요크가 있는 카디건
도안: 미라지(36쪽), 마르탈(78쪽), 순드보른(86쪽), 리오라(110쪽), 리스(122쪽).

3. 원통으로 아래에서 위로 뜨는, 래글런 소매 카디건
도안: 시스터후드(104쪽), 베르그슬라겐에서의 크리스마스(128쪽), 앤티스 카디건(152쪽).

4. 몸판 부분 편물들과 소매 편물을 떠서 잇는 카디건
도안: 실루엣(146쪽).

5. 솔기 없이 소매까지 편물 하나로 뜨는 카디건
도안: 프리마(24쪽), 리드(30쪽).

6. 솔기 없이 위에서 아래로 뜨는, 래글런 소매 카디건
도안: 스프링 런드리(18쪽), 달리아(54쪽), 플뢰르드리스(66쪽), 노블(92쪽), 스카디(140쪽).

7. 원통으로 아래에서 위로 뜨는, 소매를 따로 떠서 잇는 카디건
도안: 레거시(98쪽).

8. 솔기 없이 아래에서 위로 뜨는 베스트
도안: 호르텐시아(60쪽).

사이즈 선택과 여유분 계산
옷의 여유분은 옷이 얼마나 넉넉한지, 즉 몸에 잘 맞는지를 의미합니다. 사이즈를 선택할 때는 먼저 어떤 핏을 선호하는지 생각한 다음 가슴둘레 치수에 몇 센티미터를 더해야 합니다.
계산 방법은 다음과 같습니다:
  • 타이트 핏: 0~5cm 여유분을 더한다
  • 일반 핏: 5~15cm 여유분을 더한다
  • 오버사이즈 핏: 20~40cm 여유분을 더한다
예를 들어 가슴둘레가 100cm인 경우 일반 핏의 카디건을 원한다면 카디건의 가슴둘레가 110cm 정도가 되어야 합니다. 이렇게 하면 10cm의 여유가 생깁니다. 따라서 110cm에 가장 가까운 사이즈를 선택해야 합니다. 이 책에 나오는 대부분의 도안은 일반 핏을 염두에 두고 제작되었습니다. 타이트나 오버사이즈로 디자인된 경우 명확히 안내해두었습니다.

원통으로 카디건 뜨기
북유럽에서는 전통적으로 카디건을 원통으로 떴습니다. 원통으로 뜨면 메리야스뜨기에서 겉뜨기만 하면 되기 때문에 배색 작업이 더 쉬워지거

든요. 이렇게 하면 시간이 더 많이 걸리는 안뜨기로 배색 부분을 뜨지 않아도 됩니다. 카디건을 원통뜨기로 뜨면 나중에 트임을 만들기 위해 가운데를 잘라내게 됩니다. 이 자르기는 원래의 콧수에 추가로 뜨는 여러 개의 '스틱 코' 가운데서 이루어집니다. '스틱'은 앞판 편물 사이에 '다리'를 형성한다고 할 수 있습니다.
이 장에서 스틱을 자르는 기법을 설명합니다. 양모 섬유가 서로 달라붙는 특성 덕분에 뜨개 코도 매우 잘 달라붙으니 안심하고 잘라도 됩니다. 다음의 지시사항을 따르기만 하면 스틱을 자를 때 다른 뜨개 코가 풀릴 위험이 없습니다. 하지만 이 책에 명시된 실과 다른 실을 선택할 경우, 면이나 아크릴같이 미끄러운 원사는 서로 달라붙는 능력이 떨어질 수 있다는 점에 유의하세요.

바느질로 솔기 강화하기
저는 항상 박음질, 표준 재봉실, 재봉 바늘을 사용해서 강화할 솔기를 손바느질합니다. 이렇게 하면 니트 소재를 제어할 수 있으므로 구조가 당겨지거나 쪼그라드는 것을 방지할 수 있습니다. 손바느질하면 쉽고 실용적인 방법으로 유연하고 정확하게 솔기를 배치할 수 있습니다. 가운데 코의 양쪽에 하나씩, 모두 2개의 강화할 솔기를 박음질합니다.

스틱 자르기
솔기 강화를 마쳤다면 카디건을 잘라낼 차례입니다. 카디건을 움직일 수 있는 공간이 많은 평평한 표면에 놓습니다.
자를 때는 날카롭고 작은 공예용 가위를 사용하세요.
자를 때는 천천히 체계적으로 움직여 작업을 스스로 통제할 수 있도록 하세요.
자르는 부분을 왼손(왼손잡이인 경우 오른손)으로 따라가며 받쳐서 항상 앞판과 뒤판이 분리되어 있는지 확인합니다. 그러면 실수로 뒤판을 자르는 위험을 피할 수 있습니다.
가운데 코 중앙의 선을 따라 스틱을 자릅니다.
팁: 자를 때 앞판과 뒤판을 완전히 분리하려면 카디건을 다리미판에 씌워주세요. (아래쪽부터 씌워서 밑단이 다리미판의 중앙에 오도록 하고 네크라인은 다리미판이 좁아지는 끝에 가도록 합니다.) 이렇게 하면 작업할 평평한 표면을 확보할 수 있습니다.

잘라낸 가장자리 고정하기
스틱을 자른 후 안쪽으로 말려 들어간 잘린 가장자리는 실과 돗바늘을 사용해 땀이 작고 눈에 잘 띄지 않는 감침질로 안쪽으로 꿰맬 수 있습니다. 또는 장식 밴드로 꿰매 잘린 가장자리를 숨길 수 있습니다.

잘라낸 가장자리를 장식 밴드로 숨기기
카디건의 잘린 가장자리는 장식 밴드를 꿰매 숨기면 앞판 가장자리에 강도를 더하는 멋진 마무리가 됩니다. 카디건 길이에 따라 1~2m의 밴드가 필요하며, 폭이 1.5cm 이상인 것이 좋습니다.
저는 면, 양모 또는 리넨 같은 소재로 만든 밴드를 선호합니다. 물론 합성 소재로 만든 밴드도 사용할 수 있지만 재봉하는 동안 미끄러질 위험이 있으므로 표면이 너무 미끄럽지 않은 것이 좋습니다.
밴드는 표면이 더 빳빳하고 거친 면이 편물에 닿는 부분에 놓이면 니트

구조와 접착되어 재봉이 더 쉬워집니다. 무늬가 인쇄된 밴드 대신 내구성이 뛰어난 직조 밴드를 사용하는 것이 좋습니다. 하지만 예쁘고 재미있는 디자인의 프린트 밴드도 적절하게 활용할 수 있습니다. 마지막으로, 세탁 시 변색되지 않도록 항상 좋은 품질의 밴드를 선택하세요.

카디건에 밴드 가장자리를 만들 경우 밴드를 재봉할 때 양쪽 편물의 가장자리 길이를 동일하게 유지하여 어느 한쪽이 다른 쪽보다 더 늘어나지 않도록 하는 것이 중요합니다. 따라서 다른 작업을 하기 전에 밴드 두 개를 동일한 길이로 잘라야 합니다. 잘린 편물 가장자리 중 하나를 충분히 잡아당겨 길이를 측정합니다. 그런 다음 양쪽 끝에 2cm의 시접 여유를 더해 총 4cm 여유가 있게 밴드를 자릅니다.

양쪽 밴드를 카디건 안쪽에 고정해 잘라낸 가장자리를 덮도록 시침핀으로 고정하고 밴드의 양쪽 끝 시접 부분을 안으로 접습니다. 잘라낸 가장자리가 밴드 아래에서 고르게 펴졌는지 확인합니다. 그런 다음 작고 신중하게 땀을 떠서 재봉실로 밴드의 가장자리를 정확한 자리에 꿰매세요.

소매 두 개를 동시에 뜨기

2세트의 장갑바늘 또는 2개의 짧은 줄바늘(또는 80cm 길이의 줄바늘과 매직루프 기법)을 사용해 양쪽 소매를 동시에 뜰 수 있습니다. 그런 다음 각 소매를 한 부분씩 차례로(매직루프 기법을 선택한 경우 한 단씩) 뜨면 됩니다. (매직루프 기법을 설명하는 동영상은 유튜브에서 검색하세요.) 이렇게 하면 한쪽 소매를 뜬 기억이 생생할 때 나머지 소매를 뜨게 되어

이 카디건은 스틱 가운데 코의 중앙을 따라 조심스럽게 잘라내 트임을 만듭니다. 자르는 부분을 가위를 잡지 않은 손으로 받쳐 보호하면 실수로 뒤판을 자르는 위험을 피할 수 있습니다.

양쪽 소매의 길이를 동일하게 늘리거나 줄이거나 조정하기가 쉽습니다. 또한 양쪽 소매를 동시에 뜨기 때문에 두 번째 소매 뜨기를 미루게 될 일도 없습니다.

진동에 구멍 생기지 않게 하기

소매를 뜨다가 새 코와 요크에서 쉼코로 둔 코 사이의 연결 지점에 도달하면 이곳에 구멍이 생길 위험이 있습니다. 저는 일반적으로 연결 지점에서 새 코를 이루는 두 가닥 중 하나를 주워 올려 왼손 바늘에 놓은 다음 쉼코로 둔 첫 코와 함께 겉뜨기해 해결합니다.

그런 다음 나머지 쉼코를 뜨세요. 다음 연결 지점에서도 가닥 중 하나를 주워 올려 코줍기한 일반 코 중 1코와 함께 겉뜨기해 연결 지점에서 구멍이 생기지 않도록 하세요. 그런 다음 나머지 새 코를 코줍기하세요.

마무리

카디건 블로킹하기

1. 싱크대, 욕조 또는 양동이에 미지근한 물을 채웁니다.
2. 울 세제를 조금 넣으세요. (시중에는 다양한 브랜드가 있으며 유향이든 무향이든 대부분 섬유 유연 효과가 있습니다.)
3. 카디건을 조심스럽게 담급니다. 문지르거나 비비지 말고 물속에서 카디건을 이리저리 돌려가며 서서히 물이 스며들도록 하세요.
4. 그런 다음 아무것도 넣지 않은 미지근한 물에 카디건을 2~3회 헹굽니다. 이 단계에서도 물은 이전과 같은 온도를 유지해야 합니다.

건조·모양 잡기

1. 물에서 카디건을 꺼내 마른 깨끗한 수건 위에 펼쳐놓습니다. 카디건을 수건으로 돌돌 말아 물기를 짜내세요. 수건째 바닥에 놓고 밟아서 최대한 물기를 제거하세요.
2. 마른 수건, 깔개 또는 블로킹 매트처럼 평평하고 깨끗하고 건조한 표면에 카디건을 펼칩니다.
3. 카디건이 접히거나 구겨지지 않도록 평평하게 눕혀 비율이 좋게 보이도록 모양을 잡습니다. 이 단계는 블로킹 매트가 있으면 수월합니다. 표면이 거칠면 카디건을 필요한 위치에 고정하기 쉽기 때문이에요. 블로킹 매트에서는 특수 스테인리스 블로킹 핀을 사용해서 특정 부분을 올바른 위치에 고정할 수도 있습니다. 옷을 너무 많이 늘리는 것은 피해야 하지만, 단추 옆 가장자리가 너무 좁거나 한쪽 소매가 다른 쪽보다 좁은 경우 등 비율이 약간 잘못된 부분을 조심스럽게 넓히거나 늘릴 수 있습니다. 이 단계에서는 손으로 천천히 신중하게 옷의 모양을 잡아 가능한 한 곧고 매끄럽게 만드는 것이 좋습니다.
4. 그런 다음 되도록 따뜻한 곳에서 완전히 마를 때까지 카디건을 평평하게 말리세요. 카디건을 다시 세탁해야 할 때 이 과정을 반복하세요.

단추 선택

단추는 카디건에서 중요하고 아름다운 디테일입니다. 이 책에서는 자개, 나무, 가죽, 도자기, 금속, 플라스틱 등 다양한 소재의 단추를 볼 수 있습니다.

저는 나무나 자개 같은 천연 소재로 만든 단추(특히 품질이 좋은 빈티지

단추)를 선호합니다. 이러한 소재는 양모와 잘 어울리고 사용하면서 아름답게 낡아가거든요. 동시에 카디건의 무늬에 쓰인 특정 색상과 어울리게 플라스틱, 유리 또는 도자기를 사용하는 것도 재미있을 수 있습니다.

단추 달기

저는 항상 재봉실 2겹을 사용해서 단추를 답니다: 바늘에 실을 꿰고 바늘이 실 길이의 중간에 오도록 실을 끝까지 당깁니다. 끝을 매듭으로 묶은 다음 단추를 꿰매세요.

카디건 수선하기

카디건의 팔꿈치 부분이 해진 경우 메리야스잇기 기법을 사용하여 구조를 강화할 수 있습니다. 이 동영상에서 방법을 알려드립니다:
www.bit.ly/3tsrPFS

카디건의 고무뜨기 소맷단 수선하기

카디건 소매가 닳아서 끝이 찢어진 경우 새 소맷단을 뜰 수 있습니다.
방법: 소맷단의 코를 4개의 장갑바늘에 나누세요. 이 작업은 소맷단 구조가 손상되지 않은 지점에서 수행됩니다. 닳아 없어진 부분은 잘라내되 바늘 옆에 기존의 고무뜨기단을 약 1cm 남겨둡니다.
카디건에 사용한 것과 같거나 비슷한 실을 사용하여 새 소맷단을 원하는 길이로 뜨세요. 고무뜨기하면서 코막음합니다.
기존 소맷단의 남은 부분을 풀고 편물 안쪽에 실끝을 정리합니다.

미래 대비하기(카디건 안쪽에 여분의 단추 추가하기)

카디건 안쪽에 단추를 하나 더 달아두면 카디건 단추 중 하나가 떨어져서 없어졌을 때 여분으로 사용할 수 있습니다. 남은 실 띠지 중 하나에 '수선용 실'을 감아 보관할 수도 있습니다. 이렇게 하면 카디건을 수선해야 할 때 적합한 실을 쉽게 찾을 수 있어 옷의 수명을 늘릴 수 있습니다.

이 책에 소개된 기법

배색

두 가지 또는 여러 가지 색상을 동시에 사용해 무늬를 만드는 배색뜨기는 스웨덴과 북유럽 뜨개 전통에서 흔히 볼 수 있는 기법입니다. 이 기법은 뜨개를 할 때 실 2가닥 또는 3가닥이 겹쳐지기 때문에 조밀하고 따뜻한 구조를 제공합니다.
배색뜨기할 때 실을 잡는 방법에는 여러 가지가 있습니다. 스웨덴에서는 왼손으로 실을 잡는 것이 일반적이며, 검지와 중지에 각각 실을 1가닥씩 끼운 다음 실을 모아 약지와 소지로 함께 잡습니다. 하지만 실을 잡는 다른 방법도 있습니다. 예를 들어 저는 엄지와 검지에 실을 1가닥씩 잡습니다. 자신에게 가장 잘 맞는 방법을 찾아보세요! 가장 중요한 것은 양쪽 실의 장력을 균일하게 유지하여, 뜨지 않고 잡고만 있는 실이 뒤쪽에서 당겨지지 않도록 하는 것입니다.
두 가지 색상으로 무늬를 뜨는 경우 일반적으로 한 색을 강조색(하이라이트)으로, 다른 색을 바탕색으로 간주합니다. 강조색이 편물에 가깝게 위치하도록 실을 잡되 항상 아래에 위치하도록 해야 합니다. 이렇게 하면 이 코가 강조되어 바탕보다 더 눈에 잘 띄게 됩니다. 반대로 바탕색은 편

물에서 멀게 배치하고 실은 항상 위로 잡아야 합니다. 색상의 순서를 일관되게 유지하는 것이 중요합니다. 그렇지 않으면 무늬가 불분명해집니다.
한 색으로 뜨는 동안, 뜨지 않는 색은 뒤쪽으로 지나갑니다. 뒤쪽의 실은 작업에 쓰이는 실과 동일한 장력을 가져야 하며, 그렇지 않으면 (너무 팽팽하게 당기면) 편물이 울퉁불퉁해지거나 (충분히 당기지 않으면) 무늬가 흐트러집니다.
같은 색으로 3~4코 이상 연속해서 뜨는 경우에는 뜨고 있는 실로 뒤쪽으로 지나가는 길을 감싸며 잡아주는 것이 좋습니다. 이렇게 하면 옷을 입거나 벗을 때 실이 걸리적거리는 긴 '플로트'를 방지할 수 있습니다. 여러 번 연속으로 같은 위치에서 실을 잡지 말고 매 단 위치를 바꾸어가며 뜹니다. 그렇게 하지 않으면 뒷면의 실이 편물 사이로 보일 수 있으니 주의하세요.
배색뜨기할 때 성공적인 최종 결과를 얻으려면 다음과 같이 하는 것이 중요합니다:

- 장력을 최대한 균일하게 유지하세요.
- 뒤쪽의 실에 적당한 장력을 유지하세요.
- 강조색과 바탕색을 매 단 같은 위치에 잡고 뜨세요.
- 같은 색으로 3~4코 이상 연속 뜨는 경우 뜨지 않는 실을 잡아주세요.
- 여러 단 연속으로 같은 위치에서 실을 잡지 마세요.

되돌아뜨기로 뒷목 모양 만들기

이 책에 소개된 솔기 없이 하나로 뜨는 카디건 중 몇 가지 경우, 뒤판 중앙에서 되돌아뜨기로 뒷목 경사를 만들어줍니다. 그러면 뒤판이 앞판보다 약간 높아져 카디건이 목에 편안하게 감기고 더 잘 맞습니다.

되돌아뜨기

되돌아뜨기는 한 단을 다 뜨기 전에 뒤집어서 작업하는 것으로, 한 단의 일부만 뜨는 것을 의미합니다. 뒤집는 부분에 구멍이 생기는 것을 방지하기 위해 뒤집을 때 코를 감싸서 뜹니다(아래 참조). 이 기법은 이 책에 나오는 많은 카디건의 뒤판에 뒷목 경사를 만드는 데 사용됩니다.

랩앤턴

겉면: 실을 편물 앞에 놓고 다음 코를 걸러뜨기해 오른손 바늘로 옮깁니다. 실을 편물 뒤에 놓은 다음 걸러뜨기한 코를 다시 왼손 바늘로 옮깁니다. 편물을 뒤집습니다. 이제 실이 코를 감싸고 있습니다.
안면: 실을 편물 뒤에 놓고 다음 코를 걸러뜨기해 오른손 바늘로 옮깁니다. 실을 편물 앞에 놓은 다음 걸러뜨기한 코를 다시 왼손 바늘로 옮깁니다. 편물을 뒤집습니다. 이제 실이 코를 감싸고 있습니다.
되돌아뜨기 코 정리하기: 되돌아뜨기 코를 정리할 때는 겉면 단에서 겉뜨기, 안면 단에서 안뜨기를 하면서 코 자체와 감긴 실을 동시에 뜹니다—겉면에서는 겉뜨기하고 안면에서는 안뜨기합니다.

표시링 걸기·표시링 옮기기

표시링은 플라스틱이나 금속으로 만든 실용적인 작은 도구로, 2코 사이의 바늘에 겁니다. 이 책에서는 래글런 소매를 뜰 위치를 표시하기 위해 표시링을 자주 사용합니다. '표시링 옮기기'는 왼손 바늘에서 오른손 바늘로 표시링을 옮기는 것을 의미합니다. 참고: 실끝을 묶어 표시링을 쉽게 만들 수 있습니다.

약어

M1L 코늘림Make 1 Left=왼쪽으로 기울어지게 1코 코늘림한다.
M1R 코늘림Make 1 Right=오른쪽으로 기울어지게 1코 코늘림한다.
M1PR 코늘림Make 1 Purl Right=2코 사이의 가닥을 왼손 바늘로 뒤에서 주워 올려 앞가닥에 안뜨기한다.
M1PL 코늘림Make 1 Purl Left=2코 사이의 가닥을 왼손 바늘로 앞에서 주워 올려 뒷가닥에 안뜨기한다.
M1B 코늘림Make 1 Below=1단 아래 코에서 1코 코늘림한다

코줄임

왼코줄임(오른쪽으로 기울어지는 코줄임): 2코를 함께 겉뜨기한다. 1코 줄어듦.
오른코줄임(왼쪽으로 기울어지는 코줄임): 1코 걸러뜨기, 겉뜨기1, 겉뜨기한 코를 걸러뜨기한 코 위로 덮어씌운다. 1코 줄어듦.

코늘림, 3가지 변형

왼쪽으로 기울어지는 코늘림(M1L 코늘림)

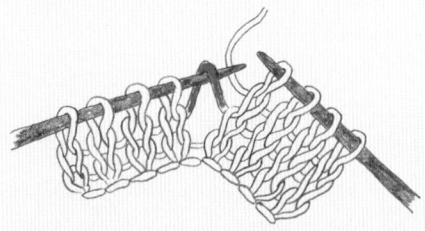

1. 왼손 바늘로 앞에서, 코 사이의 가로줄을 주워 올려 새 코를 만든다.

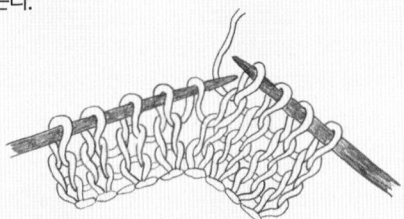

2. 화살표처럼 뒷가닥에 넣어 겉뜨기한다.

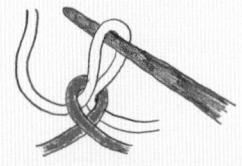

3. 왼쪽으로 기울어지는 새로운 코가 만들어졌다.

오른쪽으로 기울어지는 코늘림(M1R 코늘림)

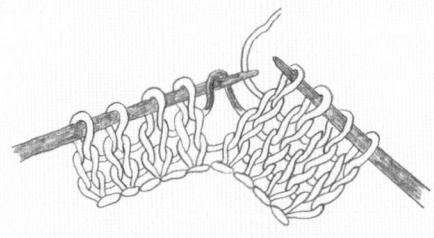

1. 왼손 바늘로 뒤에서, 코 사이의 가로줄을 주워 올려 새 코를 만든다.

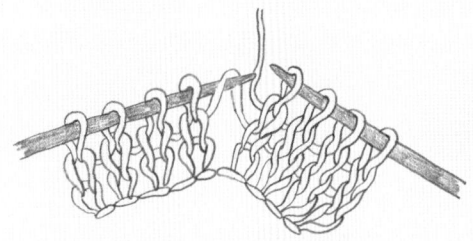

2. 화살표처럼 앞가닥에 넣어 겉뜨기한다.

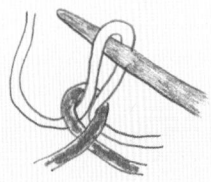

3. 오른쪽으로 기울어지는 새로운 코가 만들어졌다.

1단 아래 코에 보이지 않는 코늘림(M1B 코늘림)

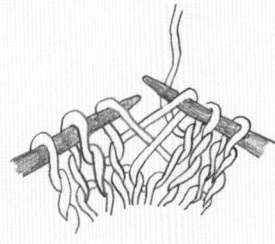

1. 오른손 바늘을 왼손 바늘의 다음 코 아래 코에 넣는다. 코를 주워 왼손 바늘에 놓는다.

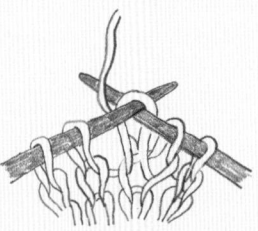

2. 새로운 코의 앞가닥에 바늘을 넣어 겉뜨기하고, 원래의 코도 겉뜨기한다.

라트비안 브레이드

1단: *색상1 실로 겉뜨기1, 색상2 실로 겉뜨기1*. *~*을 단 끝까지 반복한다.

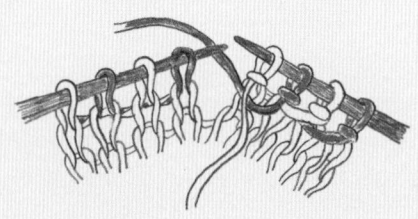

2단: *색상1 실로 안뜨기1, 색상2 실로 안뜨기1*. *~*을 단 끝까지 반복한다. 주의: 진행할 때 2가지 실 모두 편물 앞에서 잡는다. 색상을 바꿀 때 새 실은 방금 뜬 실 아래로 지나가야 한다.

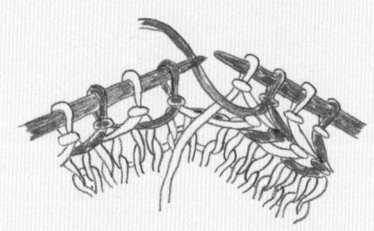

3단: *색상1 실로 안뜨기1, 색상2 실로 안뜨기1*. *~*을 단 끝까지 반복한다. 주의: 진행할 때 2가지 실 모두 편물 앞에서 잡는다. 색상을 바꿀 때 새 실은 방금 뜬 실 위로 지나가야 한다.

메리야스잇기(키치너스티치)

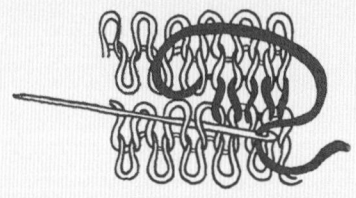

메리야스잇기로 두 부분을 연결하면 보이지 않는 솔기가 생깁니다. 코가 니트 구조 속으로 사라져서 솔기가 두드러지지 않게 됩니다.

바늘 3개를 이용한 코막음

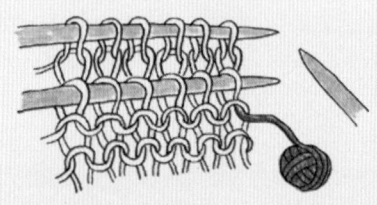

1. 코막음에 쓸 길이를 남기고 실을 자른다. 코를 2개의 바늘에 나눈다. 겉면이 서로 마주 보게 안면이 바깥으로 보이도록 편물을 배치한다. 2개의 바늘을 평행하게 놓는다.

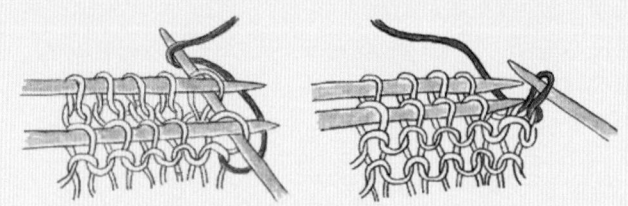

2~3. 각 바늘의 1코씩, 2코를 한꺼번에 겉뜨기한다.

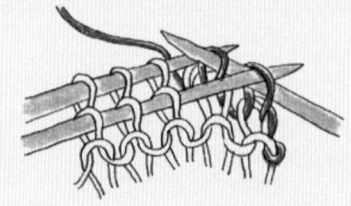

4. 다음 2코를 한꺼번에 겉뜨기한다.

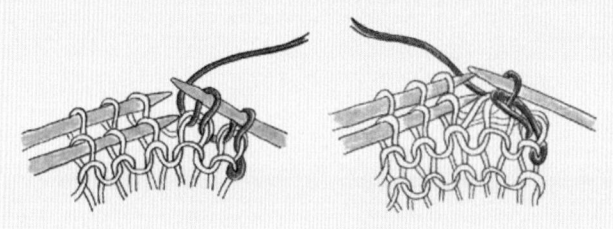

5~6. 처음에 뜬 코를 두 번째 코 위로 덮어씌운다. 계속해서 그림의 4~6의 단계를 모든 코를 코막음할 때까지 반복한다.

동영상 링크

여기에는 이 책에서 특정 기법을 명확하게 보여주는 교육용 동영상 링크를 모았습니다.
더블 트위스티드 루프 기법=www.bit.ly/3xjjdCs
이탈리안 코잡기=www.bit.ly/3O8ywVg
이탈리안 코막음=www.bit.ly/3zz3rGj

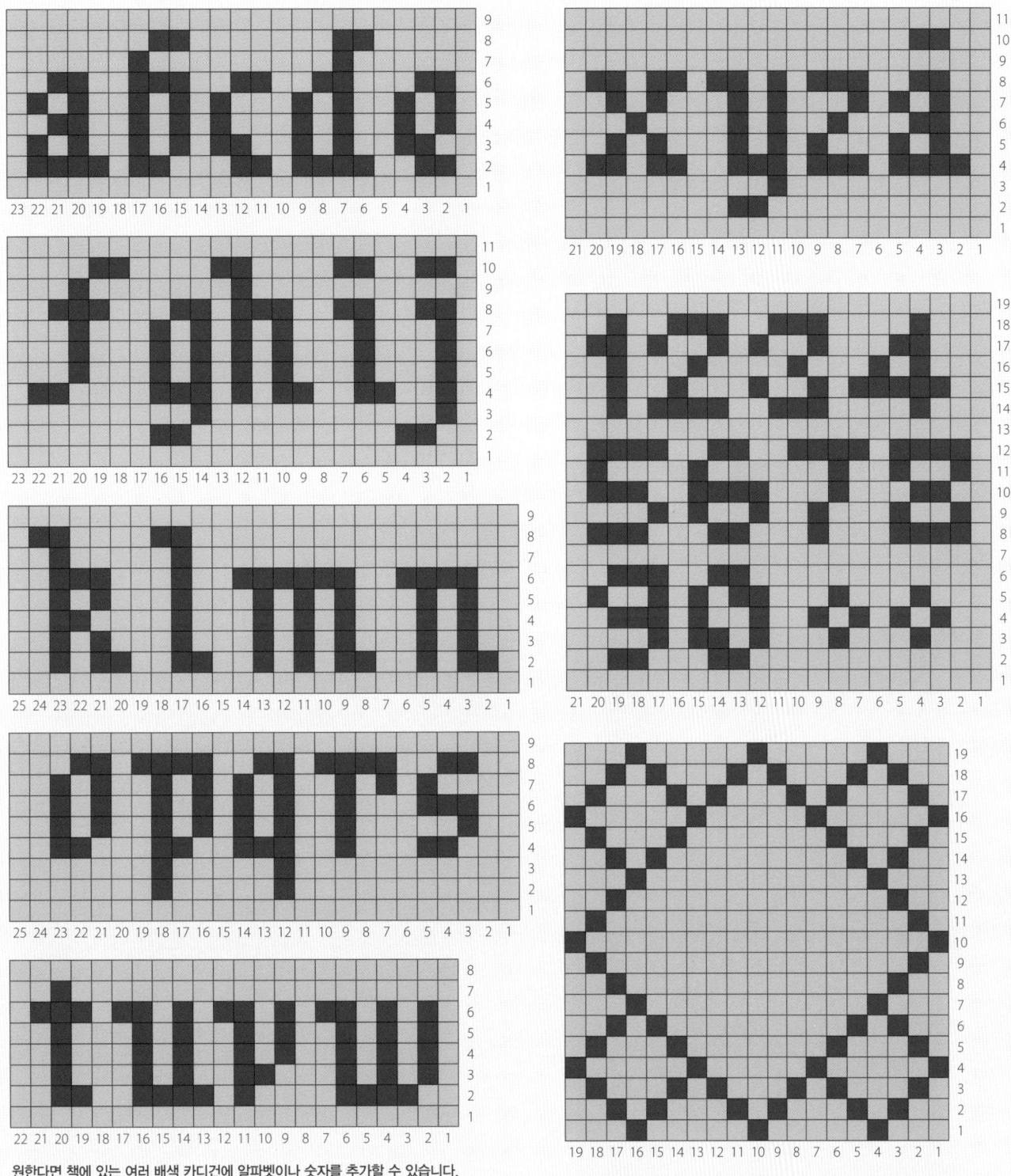

원한다면 책에 있는 여러 배색 카디건에 알파벳이나 숫자를 추가할 수 있습니다.

152쪽의 앤티스 카디건 빈 무늬도안. 여기에 알파벳이나 숫자를 입력할 수 있습니다. 예를 들어 한쪽 팔에는 연도를, 다른 팔에는 이니셜을 넣을 수 있습니다.

찾아보기

가장자리를 장식 밴드로 숨기기 160, 161
고무뜨기 소맷단 수선하기 162

난이도 11
노블 92

단추 162
달리아 54
되돌아뜨기 162
되돌아뜨기로 뒷목 모양 만들기 162

라트비안 브레이드 164
랩앤턴 162
레거시 98
리드 30
리스 122
리오라 110

마르탈 78
매직루프 161
메리야스잇기 164
미드서머 48
미라지 36

바늘 3개를 이용한 코막음 164
배색뜨기 162
베르그슬라겐에서의 크리스마스 128
베스트 60
빈 무늬도안 165

사이즈 11
사이즈 선택 160
소매 두 개를 동시에 뜨기 161
솔기 강화하기 160
순드보른 86
스와치 11
스카디 140
스틱 160
스틱 자르기 160
스프링 런드리 18
시스터후드 104
실 사용량 11
실루엣 146

알파벳 무늬도안 165
앤티스 카디건 152
약어 163
여유분 11, 160

원통뜨기 160
원통으로 뜬 카디건 스틱 자르기 160

잘라낸 가장자리 고정하기 160
잘라낸 가장자리를 장식 밴드로 숨기기 160~161
장식 밴드 160~161
주얼리 134

초보자용 카디건 24

카디건 블로킹하기 161
카디건 수선하기 162
코늘림 163
코줄임 163

키치너스티치 164

텐션 11

표시링 걸기 163
표시링 옮기기 163
표시링, 걸기·옮기기 163
프리마 24
플뢰르드리스 66

호르텐시아 60

이 책에서 사용한 실

예르보Järbo
예르보는 1800년대까지 거슬러 올라가는 전통을 가진 스웨덴의 원사 회사입니다.
www.jarbo.se

핀 모헤어 실크Fin Mohair Silke
모헤어 72%, 실크 28%
25g=210m

예르보 2합 울Järbo 2-ply wool
퓨어 뉴 울 100%
100g=300m

라마 소프트Llama Soft
소프트 베이비라마 85%, 폴리아미드 15%
50g=150m

라마 실크Llama Silk
소프트 베이비라마 70%, 멀베리 실크 30%
50g=165m

셀렉트 넘버원Select no.1(도니골 모헤어 트위드 얀)
메리노 70%, 모헤어 30%
50g=110m

스벤스크 울 3합Svensk Ull 3-ply
스웨덴 울 100%
100g=180m

이스텍스Ístex
이스텍스는 1800년대부터 아이슬란드산 원사를 생산하고 있습니다.
www.istex.is

레틀로피Léttlopi
아이슬란드 울 100%
50g=100m

플뢰툴로피Plötulopi
아이슬란드 울 100%
100g=300m

라우마 가른Rauma Garn
노르웨이 양모로 전통 양모 실을 생산합니다. 이 회사는 1927년부터 운영되고 있습니다.
www.raumaull.no

라우마 핀울Rauma Finull
퓨어 뉴 울 100%
50g=175m

산네스Sandnes
양모와 기타 재료로 손뜨개용 실을 생산합니다. 이 회사는 1888년부터 운영되고 있습니다.
www.sandnesgarn.no

뵈르스테트 알파카Børstet Alpakka
브러시드 알파카 96%, 나일론 4%
약 50g=110m

산네스 시수Sandnes Sisu
울 80%, 나일론 20%
약 50g=175m

감사의 말

헬렌, 최고의 사진작가입니다! 모든 책이 모험 같아요. 함께 일하게 되어 정말 감사합니다.

안나 카린, 세련된 디자인과 영리한 솔루션에 감사합니다.

아니카, 항상 침착하고 노련하게 함께해주셔서 감사합니다. 당신과 함께 일해서 안전하다고 느낍니다.

에바, 또 한 번 멋진 협업을 해주셔서 감사합니다. 이 책을 함께 만들 수 있어서 정말 기뻤고, 제작 과정 내내 지원해주셔서 감사했습니다.

카롤, 기술 편집에 대한 좋은 조언과 귀중한 도움을 주셔서 감사합니다.

리나, 능숙하고 세심한 도움에 감사합니다. 정말 멋져요!

보니에르 팍타, 스웨덴의 사랑스러운 출판사입니다. 저를 믿어주셔서 감사합니다.

페르닐라 올레센, 제가 시간이 부족할 때 멋진 뜨개를 도와주신 것에 감사합니다.

뤼디아스 가른, 실 후원과 지속적인 격려에 감사합니다. 여러분은 저에게 큰 의미가 있습니다.

케르스틴 E., 지속적인 지원과 의심을 기쁨으로 바꾸어준 멋진 방법에 대해 감사드립니다.

케르스틴 C. 뜨개를 하는 즐거운 저녁, 최고의 케이크, 그리고 배려가 고마웠어요.

프레드리카, 모든 것에 대해 감사합니다. 친애하는 친구! 함께 책 출간을 축하할 수 있기를 기대합니다.

모니카, 우리 둘만의 좋은 시간과 뜨개에 대한 공통의 관심사에 감사합니다.

아니타 이모, 제 이모여서 감사합니다. 이모의 작은 카디건이 제 책에서 큰 카디건이 되어서 너무 기뻐요!

리사, 자매애에 감사를! 이제 뜨개를 하고 있는 걸 보니 너무 반가워.

엄마와 아빠, 책 출판 과정의 모든 단계를 함께할 수 있어서 감사합니다. 저에게 큰 힘이 됩니다.

다니엘과 그레타, 모든 과정에서 사랑과 인내와 응원에 고마워요. 두 사람은 내가 가장 좋아하는 사람들이에요!

가족, 친구, 동료들, 가장 필요할 때 매일 격려해주셔서 감사합니다.

니터들, 독자분들과 팔로워 여러분, 제 도안을 떠주셔서 감사합니다. 이 책은 여러분을 위한 책입니다!

사진 촬영 장소
순드보른, 칼 라르손의 집(www.carllarsson.se)
시게보휘탄 광부 사유지(www.olm.se)
엔스케데, 달리아 공원(www.dahliaentusiasterna.se)
뤼스테뢰에서 노 젓는 보트를 빌려주신 분들께 감사드립니다!
운달에 있는 어부의 오두막을 빌려준 레나에게 감사합니다!

모델
소피아 브렌발
안나 칼손
그레타 놀고르드
프랑카 셰스트룀
젤다 셰스트룀
요한나 발베리
여러분 모두에게 진심으로 감사드립니다!

메이크업 & 헤어
미셀레 발린—환상적인 헌신에 감사드립니다!
앙엘리카 닐손—가장 필요할 때 도와줘서 정말 고마워요!

더 많은 영감과 뜨개 팁을 원하시면 인스타그램(@majasmanufaktur)을
팔로우하세요.
책에 나오는 카디건에 대해 질문할 수도 있습니다.

책에 나온 작품을 떠보셨나요?
#MajasCardigans 해시태그와 함께 소셜미디어에 공유해주세요.

KOFTOR by Maja Karlsson
Copyright © Maja Karlsson, 2022
Photograhy : Helén Pe
Illustrations: Siri Carlén
Pattern charts: Lina Östling Krüger
First published by Bonnier Fakta, Stockholm, Sweden
Korean Translation © 2026 by Jiguemichaek
All rights reserved.
The Korean language edition published by arrangement with
Bonnier Rights, Stockholm through MOMO Agency, Seoul.

이 책의 한국어판 저작권은 모모 에이전시를 통해
Bonnier Rights, Stockholm와의 독점 계약으로 지금이책에 있습니다.

초판 1쇄 인쇄   2026년 4월 5일
초판 1쇄 발행   2026년 4월 10일

지은이   마야 칼손
옮긴이   이순선

펴낸이   최정이
펴낸곳   지금이책
등록   제390-251002015000174호
주소   경기도 광명시 오리로 992 광명리더스빌딩 1103-20호
전화   070-8229-3755
팩스   0303-3130-3753
이메일   now_book@naver.com
블로그   blog.naver.com/now_book
인스타그램 nowbooks_pub

ISBN   979-11-88554-94-2 (13590)